Eine Zusammenstellung des Inhaltes der Hefte 1 bis 139 der Mitteilungen über Forschungsarbeiten zugleich mit einem Namen- und Sachverzeichnis wird auf Wunsch kostenfrei von der Redaktion der Zeitschrift des Vereines deutscher Ingenieure, Berlin N.W., Charlottenstr. 43, abgegeben.

Heft 140: Neumann, Die Vorgänge im Gasgenerator auf Grund des zweiten Hauptsatzes der Thermodynamik. Preis 2 ℳ.

Heft 141: Riedel, Ueber die Grundlagen zur Ermittlung des Arbeitsbedarfes beim Schmieden unter der Presse. Preis 2 ℳ.

Heft 142: Schlesinger, Vereinheitlichung der Schraubengewinde. Denkschrift, erstattet im Auftrage des Vereines deutscher Ingenieure, des Vereines deutscher Maschinenbauanstalten, des Vereines deutscher Werkzeugmaschinenfabriken und des Vereines deutscher Schiffswerften. Preis 1 ℳ.

Heft 143: Schoene, Ueber Versuche mit großen, durch Blattfedern geführten Ringventilen für Kanalisationspumpen nebst Beiträgen zur Dynamik der Ventilbewegung.
Petersen, Verfahren zur Messung schnell wechselnder Temperaturen. Preis 2 ℳ.

Heft 144: Loschge, Ueber den Ausfluß des Dampfes aus Mündungen. Preis 2 ℳ.

Heft 145: von Hanffstengel, Kraftverbrauch von Fördermitteln. Preis 2 ℳ.

Lehrer und Schüler technischer Schulen erhalten die Hefte zur Hälfte des angegebenen Preises, sofern sie Bestellung und Zahlung an den Verein deutscher Ingenieure, Berlin N.W., Charlottenstr. 43, richten.

Literarische Unternehmungen d. Vereines deutscher Ingenieure:

ZEITSCHRIFT
DES
VEREINES DEUTSCHER INGENIEURE.

Redakteur: D. Meyer.

Berlin N.W., Charlottenstraße 43

Geschäftstunden 9 bis 4 Uhr.

Expedition und Kommissionsverlag: Julius Springer, Berlin W., Linkstr. 23/24.

Die Zeitschrift des Vereines deutscher Ingenieure erscheint wöchentlich Sonnabends. Je einmal im Monat liegt ihr die Zeitschrift „Technik und Wirtschaft" bei. Preis bei Bezug durch Buchhandel und Post 40 ℳ jährlich; einzelne Nummern werden gegen Einsendung von je 1.30 ℳ — nach dem Ausland von je 1.60 ℳ — portofrei geliefert.

Anzeigen:
Der Millimeter Höhe einer Spalte kostet 25 Pf. Bei 6, 13, 26, 52 maliger Wiederholung im Laufe eines Jahres: 10, 20, 30, 40 vH Nachlaß. Für Stellengesuche von Vereinsmitgliedern, die unmittelbar bei der Annahmestelle, Linkstraße 23/24 aufgegeben und vorausbezahlt werden, kostet das Millimeter Höhe einer Spalte nur 12 Pf.

Beilagen:
Preis und erforderliche Anzahl sind unter Einsendung eines Musters bei der Expedition zu erfragen. Die Beilagen sind **frei Berlin** zu liefern.

Den Einsendern von Ziffer-Anzeigen wird für Annahme und freie Zusendung einlaufender Angebote mindestens 1 ℳ berechnet.

Schluß der Anzeigen-Annahme: Montag Vorm.; für Stellengesuche: Montag Abend 7 Uhr.

TECHNIK UND WIRTSCHAFT.
MONATSCHRIFT DES VEREINES DEUTSCHER INGENIEURE.
REDAKTEURE D. MEYER UND W. MATSCHOSS.
IN KOMMISSION BEI JULIUS SPRINGER BERLIN.

Die »Technik und Wirtschaft« liegt der ganzen Auflage der Zeitschrift des Vereines deutscher Ingenieure (Preis des Jahrgangs 40 ℳ) allmonatlich bei. Sie ist außerdem für 8 ℳ für den Jahrgang durch alle Buchhandlungen und Postanstalten sowie durch die Verlagsbuchhandlung von Julius Springer zu beziehen.

Anzeigen: Die ganze Seite 100 ℳ, $1/2$ Seite 50 ℳ, $1/4$ Seite 25 ℳ, $1/8$ Seite 12,50 ℳ. Ein kleinerer Raum als $1/8$ Seite wird nicht abgegeben. Bei 3 6 12 maliger Wiederholung im Jahre.
  5 10 20 vH Nachlaß. **Beilagen:** Preis und erforderliche Anzahl sind unter Einsendung eines Musters bei der Verlagsbuchhandlung von Julius Springer zu erfragen. Auflage des Blattes 27000.

Mitteilungen

über

Forschungsarbeiten

auf dem Gebiete des Ingenieurwesens

herausgegeben vom

Verein deutscher Ingenieure.

Redaktion: D. Meyer und M. Seyffert.

Heft 146.

1914

Springer-Verlag Berlin Heidelberg GmbH

Additional material to this book can be downloaded from http://extras.springer.com

ISBN 978-3-662-42238-0   ISBN 978-3-662-42507-7 (eBook)
DOI 10.1007/978-3-662-42507-7

Inhalt.

Seite

Versuche über den Einfluß der Kompression und der Oberflächen, an denen sich der Wärmeaustausch im Dampfzylinder vollzieht, auf den Arbeitsprozeß einer Einzylindermaschine. Von E. Heinrich 1

Versuche über den Einfluß der Kompression und der Oberflächen, an denen sich der Wärmeaustausch im Dampfzylinder vollzieht, auf den Arbeitsprozeß einer Einzylinder-Maschine.

Von E. Heinrich.

(Mitteilung aus dem Ingenieurlaboratorium der Kgl. Technischen Hochschule Stuttgart).

Die Versuche, über die im folgenden berichtet werden soll, wurden auf Anregung des Hrn. Baudirektors Professors Dr.-Ing. C. v. Bach angestellt. Sie unterscheiden sich von bisher durchgeführten Versuchen dadurch, daß die Einrichtung getroffen war, die Flächen, an denen der Wärmeaustausch stattfindet, verschieden groß zu halten. Gearbeitet wurde mit Mantel- und mit Deckelheizung sowie ohne Heizung, bei Kompressionsgraden von rd. 0 bis 50 vH, ermittelt aus den Erhebungsdiagrammen der Auslaßventile[1]). Der Dampfverbrauch wurde je in doppelter Weise ermittelt: durch Bestimmung der zugeführten Dampfmenge und durch Bestimmung des Kondensates.

Mittel aus der Robert Bosch-Stiftung ermöglichten die Durchführung der Versuche. Diese wurden gemeinsam mit Hrn. Maschineninspektor Stückle angestellt, beteiligt waren außerdem die Herren Goll und Kolb.

I. Versuchseinrichtung.

Für die Versuche stand die von C. Bach im ganzen und in ihren Einzelheiten, auf die später einzugehen sein wird, 1897 festgestellte und 1899 in Betrieb gesetzte Dampfmaschinen- und Kesselanlage des Ingenieurlaboratoriums[2]) zur Verfügung; die Abb. 1 und 2 zeigen die Teile der Anlage, welche bei der vorliegenden Arbeit zur Verwendung gelangten. Der vom Kessel a, Bauart Prégardien mit Schrägrostfeuerung mit 100 qm Heizfläche, gelieferte Dampf, der in der Folge als »Heizdampf« bezeichnet werde, dient zur Erzeugung des eigentlichen »Arbeitsdampfes« in einem Dampfgefäß b (mittelbar geheizter Dampfkessel). Der Heizdampf durchströmt hier, bei e in einen Verteilungsraum eintretend, eine Gruppe senkrecht angeordneter Rohre von 40 mm innerem und 44,5 mm äußerem Durchmesser, die insgesamt eine Wärmedurchgangsfläche von rd.

---

[1]) Nach den Indikatordiagrammen, in denen sich die Verengung des Austrittquerschnittes schon vor Beginn der Kompression geltend macht, ist man bekanntlich geneigt, auf größere Kompressionsgrade zu schließen.

[2]) Vgl. C. Bach, Das Ingenieurlaboratorium der Kgl. Technischen Hochschule Stuttgart, Z. d. V. d. I. 1901 S. 1333.

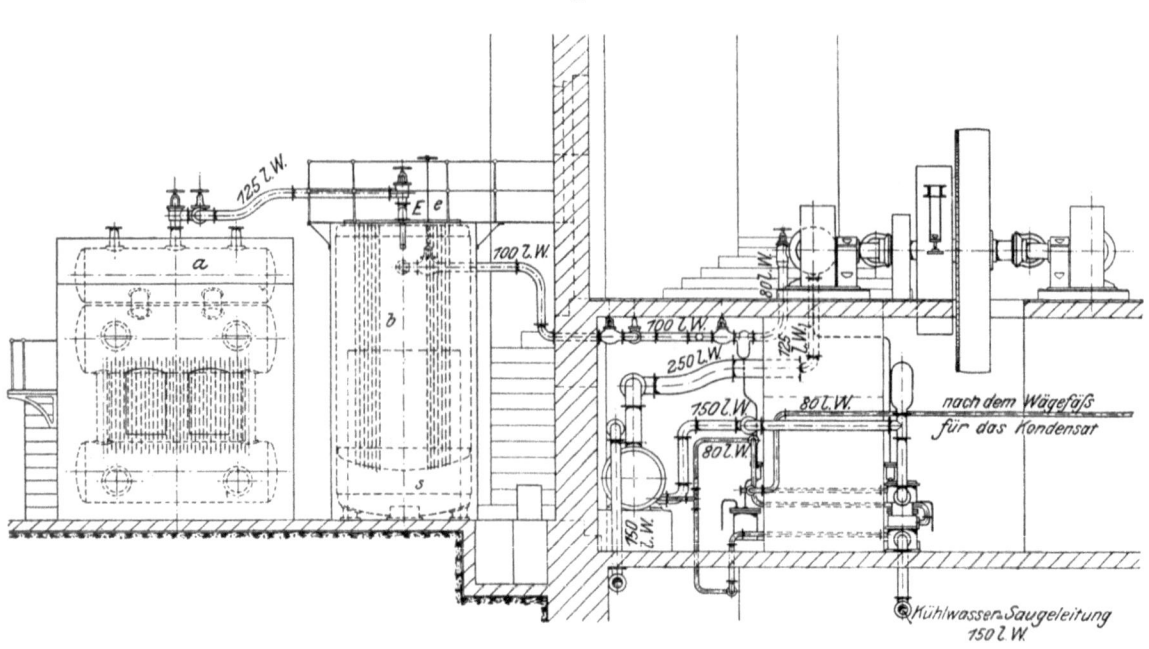
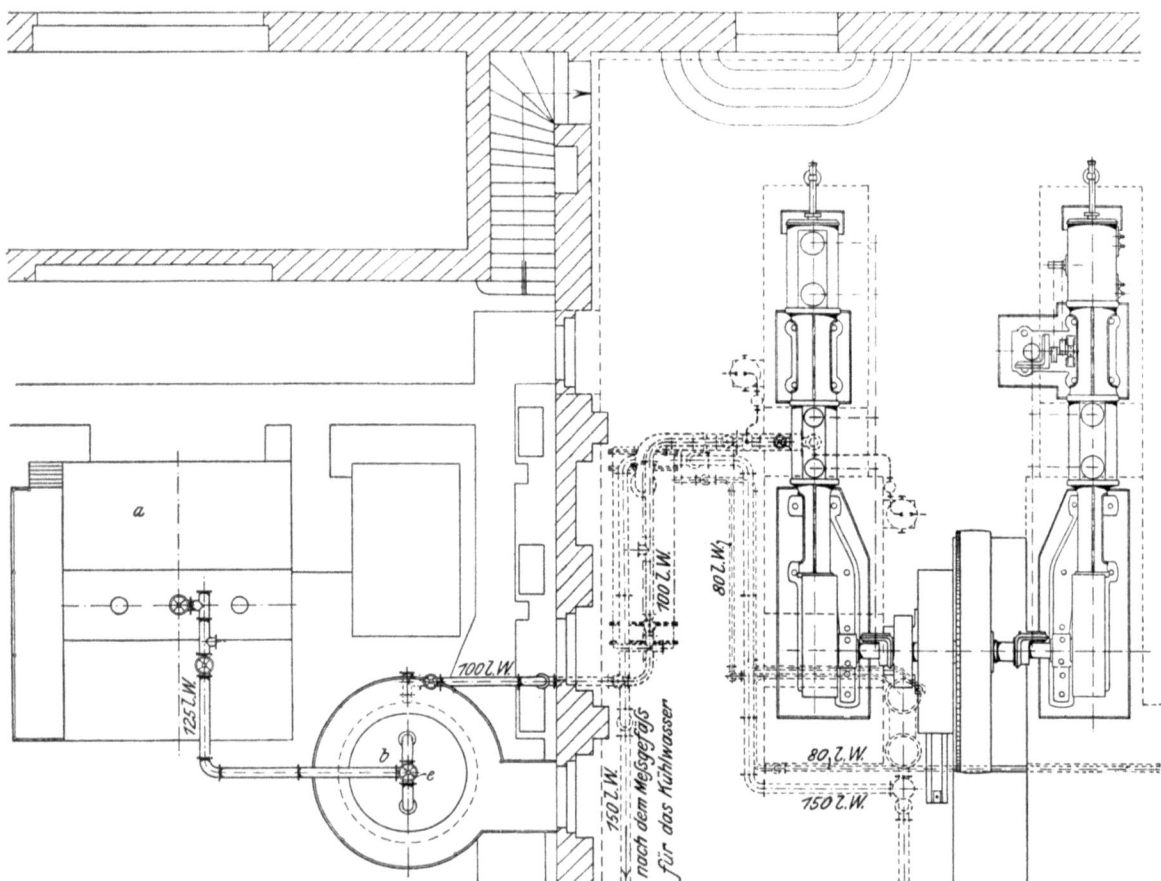

Abb. 1 und 2. Anordnung der Anlage. Maßstab 1 : 125.

200 qm haben. Diese Wärmedurchgangsfläche besteht aus 2 Teilen, von denen der eine im Wasserraum, der andere im Dampfraum liegt. Der Heizdampf gibt durch diese Flächen seine Wärme ab, zum Teil an den Arbeitsdampf, diesen trocknend, zum Teil an das Speisewasser des mittelbar geheizten Dampfkessels. Das Kondensat des Heizdampfes fließt in einen Sammelraum s im unteren Teil des Kessels, kann von dort nach einem Kühlgefäß geführt und dann gewogen werden. Mehrere am mittelbar geheizten Dampfkessel angebrachte Wasserstände gestatten das Arbeiten mit geändertem Verhältnis der vom Arbeitsdampf und vom Speisewasser berührten Teile der Gesamtoberfläche.

Bei den vorliegenden Versuchen wurde mit dem niedrigsten Wasserstand gearbeitet; es stehen in diesem Falle rd. 30 qm der Fläche für den Wärmeübergang vom Heizdampf an das Speisewasser und rd. 170 qm für die Trocknung des erzeugten Dampfes durch den Heizdampf zur Verfügung. Der Vorteil der

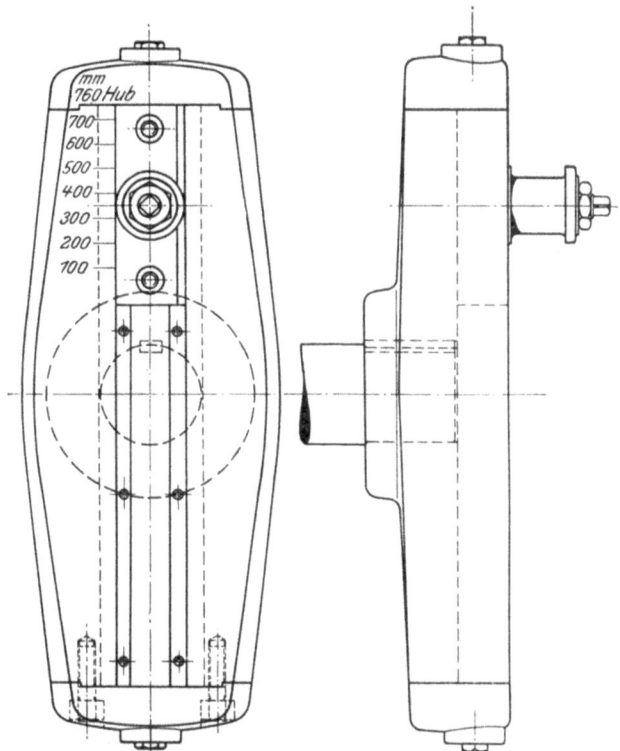

Abb. 3 und 4. Verstellung des Kurbelzapfens.

beschriebenen Einrichtung besteht in einer sonst nicht erreichbaren Genauigkeit der Speisewassermessung, insbesondere bei kurzer Versuchsdauer, da der Wasserstand in dem mittelbar geheizten Kessel nahezu vollständig ruhig bleibt. Des weiteren läßt die Gleichförmigkeit der Dampfentwicklung und die große zur Trocknung des Dampfes zur Verfügung stehende Fläche erwarten, daß die Einrichtung, soweit dies möglich ist, gleichartigen und trockenen Dampf liefert[1]).

Die Dampfleitung vom mittelbar geheizten Kessel zur Maschine hat eine Gesamtlänge von rd. 13 m und eine lichte Weite von 100 mm, die sich nach dem in 2 m Leitungslänge vor der Maschine angeordneten Wasserabscheider

---

[1]) In diesen Vorteilen liegt einer der Gründe, weshalb die Einrichtung des mittelbar geheizten Kessels beim Entwurf des Laboratoriums 1897 getroffen worden ist.

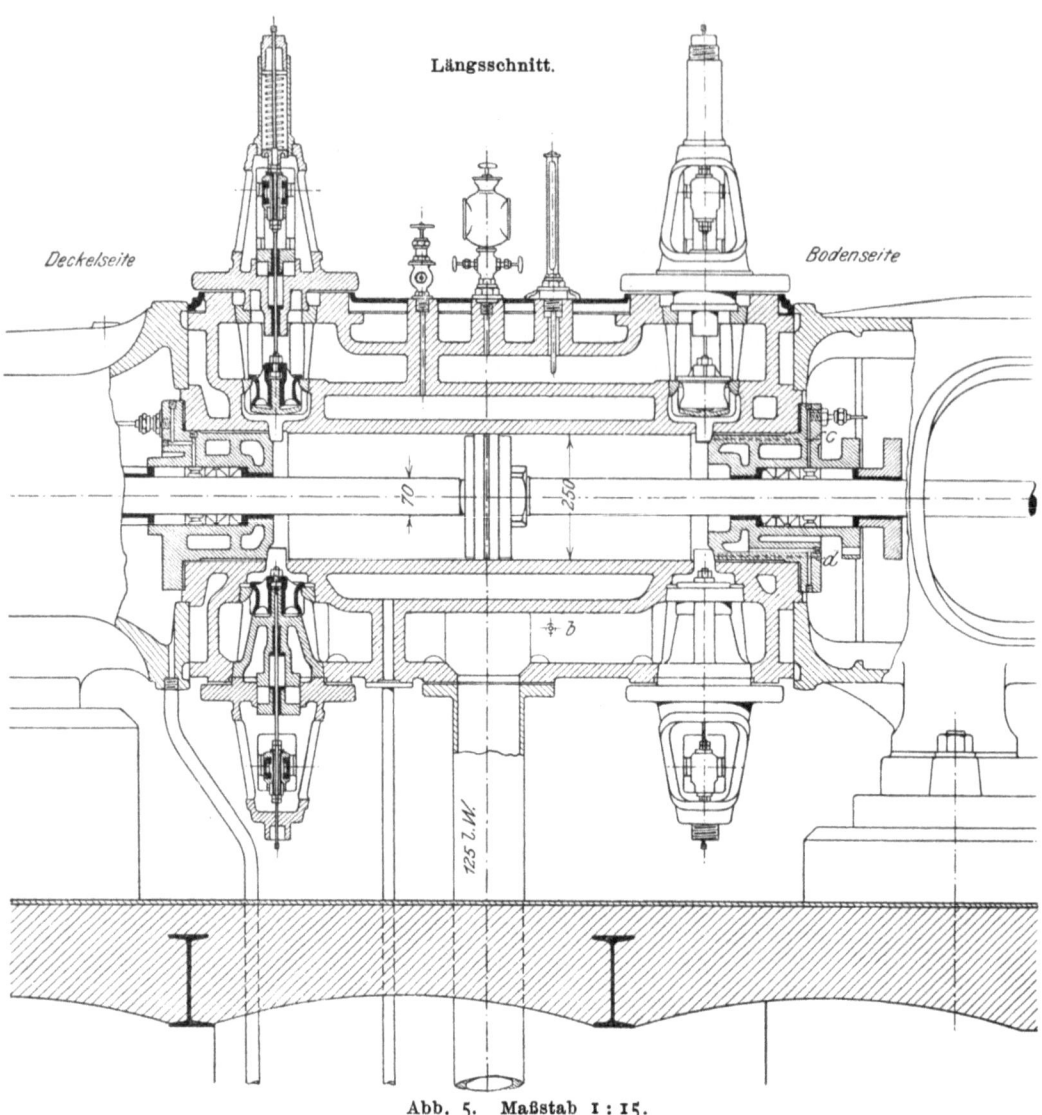

Abb. 5. Maßstab 1:15.

auf 80 mm vermindert. Alle dem Versuchzwecke nicht dienenden Abzweigungen dieser Leitung wurden zur Vermeidung toter Kondensationsräume an den Anschlußstellen blind abgeflanscht. Die Entwässerung erfolgte beim Wasserabscheider mittels selbsttätig wirkenden Kondenstopfes.

Die Dampfmaschine selbst kann als Einzylindermaschine, als Verbundmaschine mit neben- und hintereinanderliegenden Zylindern und als Dreifachexpansionsmaschine mit 4 Zylindern betrieben werden. Sie ist geeignet für Betrieb mit Sattdampf und mit überhitztem Dampf bis zu etwa 250° C; ihre Höchstleistung beträgt rd. 200 Nutz-Pferdestärken. Für die vorliegenden Versuche war sie durch vollständige Abtrennung einer Maschinenseite (Herausnahme der Schubstange), durch Lösen der Kolbenstangenkupplung zwischen Hoch- und Niederdruckzylinder der andern Maschinenseite und durch Entkuppeln der Steuerwellenstränge der nicht im Betrieb befindlichen Zylinder als Einzylindermaschine geschaltet. Die Maschine besitzt die für den in Rede stehenden

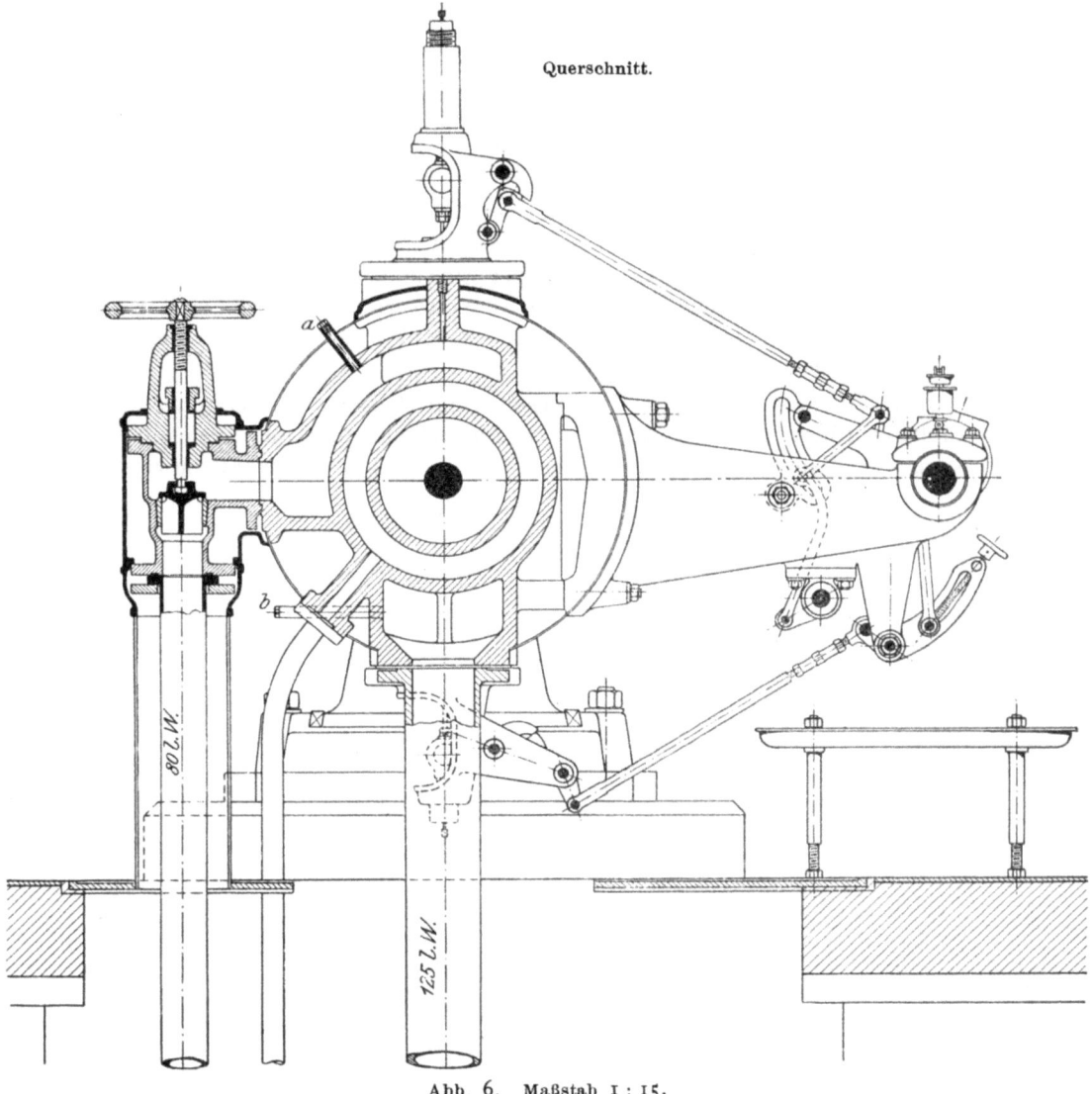

Abb. 6. Maßstab 1 : 15.

Versuchzweck wertvolle Eigenschaft der Verstellbarkeit der Kompression von 0 bis 50 vH von Hand, auch während des Ganges. Außerdem ist der Kurbelzapfen im Kurbelarm verstellbar, Abb. 3 und 4[1]), so daß der Hub auf jeden beliebigen Wert vom normalen (größten) abwärts gebracht werden kann. Ebenso kann die Füllung zwischen 0 und 60 vH, die Umlaufzahl zwischen 20 und 130 Uml./min[2]) verändert werden, beides von Hand und während des Ganges der Maschine.

Der Zylinder, Abb. 5 und 6, ist mit ausschaltbarem Dampfmantel versehen, auch die Deckel sind heizbar und für sich abschaltbar. Das Kondensat aus den Heizräumen wird mittels Kondenswasserableiters entfernt und in besonderen Kühltöpfen gekühlt.

---

[1]) Diese Einrichtung der Verstellbarkeit des Kurbelzapfens ist von C. Bach erstmals 1877 ausgeführt worden, und zwar mit einer Spindel zum Verstellen des Zapfenstückes.

[2]) Vergl. C. Bach, Die Maschinenelemente, 8. Aufl. S. 359, 10. Aufl. S. 429.

Die Hauptabmessungen der Einzylindermaschine sind:

voller Hub . . . . 761,5 mm
Bohrung, im warmen Zustand (170° C im Mantel) . . . . 250,8 »
Durchmesser der Kolbenstange zu beiden Seiten des Kolbens . . 70 »
nutzbarer Kolbenquerschnitt $(25{,}08^2 - 7{,}0^2)\dfrac{\pi}{4} =$ . . . . 455,5 qcm

Der Zylinder ist ferner ausgerüstet mit Einrichtungen zur Aufnahme von normalen Zylinderdiagrammen, von Diagrammen am Ein- und am Auslaßventilkasten, von Ventilerhebungsdiagrammen der Ein- und Auslaßventile, endlich von Diagrammen, bei denen der Antrieb der Indikatortrommel durch eine Kurbelschleife erfolgt, deren Kurbel der Hauptmaschinenkurbel um 90° voreilt (versetzte Diagramme).

Quecksilberthermometer sind vorgesehen zur Messung der Dampftemperatur im Einlaßventilkasten (bei e, Abb. 7), im Auspuffrohr und im Heizmantel; zur Messung der Wandtemperatur an einer Stelle (w, Abb. 7) der Außenwand der

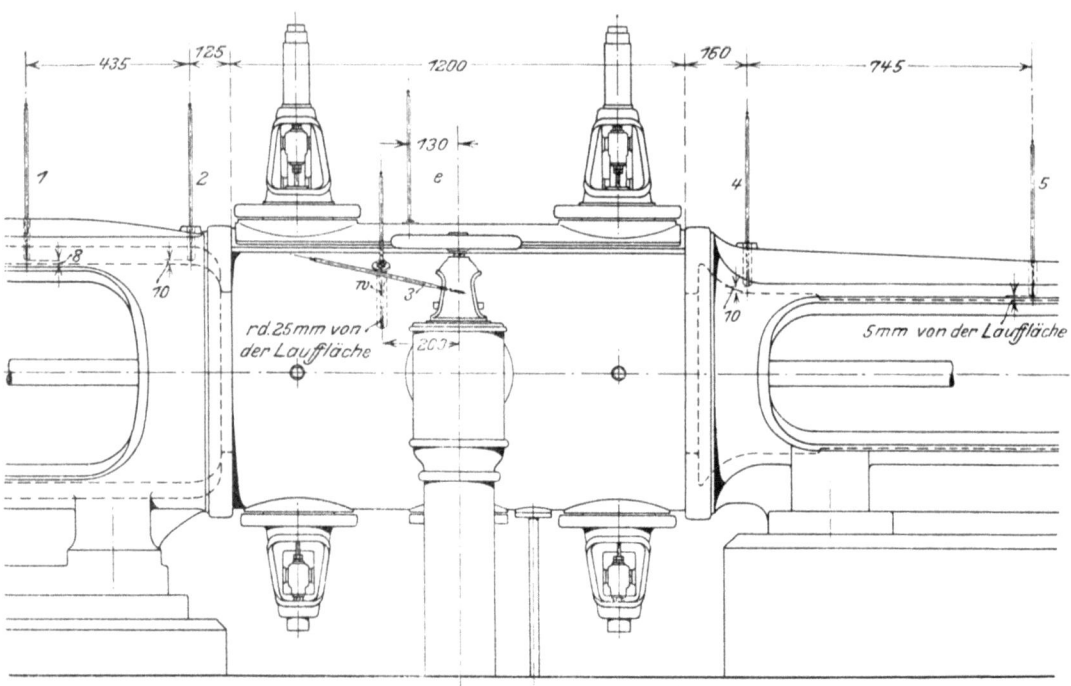

Abb. 7. Temperaturmeßstellen. Maßstab 1 : 20.

Zylinderlauffläche, in der Nähe des Einlaßventilkastens, ferner zur Messung der Temperaturen im Eisen der Laterne, des Rahmens und an der Zylinderoberfläche an den in Abb. 7 mit 1 bis 5 bezeichneten Stellen. Am Zylinderdeckel auf Bodenseite ist in der Nähe des Ein- und Auslaßkanals je eine Bohrung (c und d, Abb. 5) zur Einbringung von Thermoelementen angebracht, derart, daß deren Lötstellen in rd. 4 mm Entfernung von der Innenwand zu liegen kommen.

Zur Bestimmung des Druckes vor dem Absperrventil ist ein an der 17 m hohen Quecksilbersäule des Laboratoriums geeichtes Kontrollmanometer, zur Messung des Vakuums im Auspuffrohr und im Kondensator sind Quecksilbervakuummeter vorgesehen.

Für die Ermittlung der Umlaufzahl der Maschine ist ein Umlaufzähler sowie ein Tachometer vorhanden, welche von der Steuerwelle aus angetrieben werden.

Die Nutzleistung wird mittels Pronyschen Zaumes gemessen.

Die Anlage besitzt Einspritz- und Oberflächenkondensation. Im vorliegenden Fall wurde ausschließlich letztere verwendet. Der Oberflächenkondensator hat rd. 60 qm Kühlfläche, die durch Messingrohre von $19/21$ mm Dmr. gebildet wird. Die Rohre sind auf beiden Seiten in den Rohrplatten durch kleine Stopfbüchsen gedichtet. Der Oberflächenkondensator besitzt eine Anzahl Meßstellen für die Temperaturen in seinem Innern; ferner kann die Ein- und Austrittstemperatur des Kühlwassers sowie die Austrittstemperatur des Kondensats festgestellt werden.

Luft- und Kühlwasserpumpe werden von der Maschinenwelle aus unmittelbar angetrieben.

Zylinder und Kondensator wurden bei den Versuchreihen 1, 4b und 5 (siehe unten) unter Verwendung des Leitungsnetzes der Gesamtanlage in der Weise verbunden, daß die vom Hochdruckzylinder nach den Behältern[1]) führende Leitung von 125 mm l. W. von diesen abgetrennt und auf die Auspuffleitung von 250 mm l. W., welche die Niederdruckzylinder mit dem Kondensator verbindet, umgeschaltet wurde[2]). Für den Rest der Versuche wurde die aus Abb. 1 und 2 ersichtliche Anordnung getroffen, um zu großen Spannungsabfall zwischen Zylinder und Kondensator zu vermeiden.

Für Messung des Speisewassers und des Kondensats sind Wägevorrichtungen, bestehend aus Sammel- und Wägegefäß, für die Bestimmung der Kühlwassermenge des Kondensators sind drei geeichte Meßgefäße von je 15 cbm Inhalt vorhanden[3]).

Bauliche Maßnahmen an der Maschine und sonstige Versuchsvorbereitungen.

Zum Zweck künstlicher Vergrößerung der Oberfläche des schädlichen Raumes wurde der Kolbenhub von 761,5 mm auf 701,9 mm verkleinert und der so frei gewordene Raum ganz oder teilweise mit Eisenplatten und gelochten Blechen ausgefüllt, die mit den Zylinderdeckeln verschraubt wurden. Es sind 4 Abstufungen der Flächen gewählt worden, deren Anordnung und Abmessungen die Abb. 8 bis 17 erkennen lassen. Hierbei waren folgende Gesichtspunkte maßgebend:

1) Auf Deckel- und Bodenseite gleicher schädlicher Raum für alle Flächenabstufungen.

2) Gleiche Oberfläche auf Deckel- und Bodenseite für die einzelne Flächenstufe.

3) Möglichst leichte Zugänglichkeit des ein- und austretenden Dampfes zu den Flächen.

Die Forderung gleichen schädlichen Raumes bedingt für das eingebrachte Eisen bei allen Abstufungen der Fläche gleiches Gewicht. Inwieweit bei der Ausführung dieser Forderung Rechnung getragen werden konnte, läßt die Zahlentafel 1 erkennen.

---

[1]) Der eine dieser Behälter wird verwendet beim Betrieb der Maschine als Verbundmaschine mit nebeneinander liegenden Zylindern sowie als Dreifachexpansionsmaschine, der andere für den Betrieb als Verbundmaschine mit hintereinander liegenden Zylindern.

[2]) Vergl. C. Bach, a. a. O. Tafel I, Abb. 12.

[3]) Vergl. C. Bach, a. a. O. Tafel I, Abb. 11, Tafel II, Abb. 15.

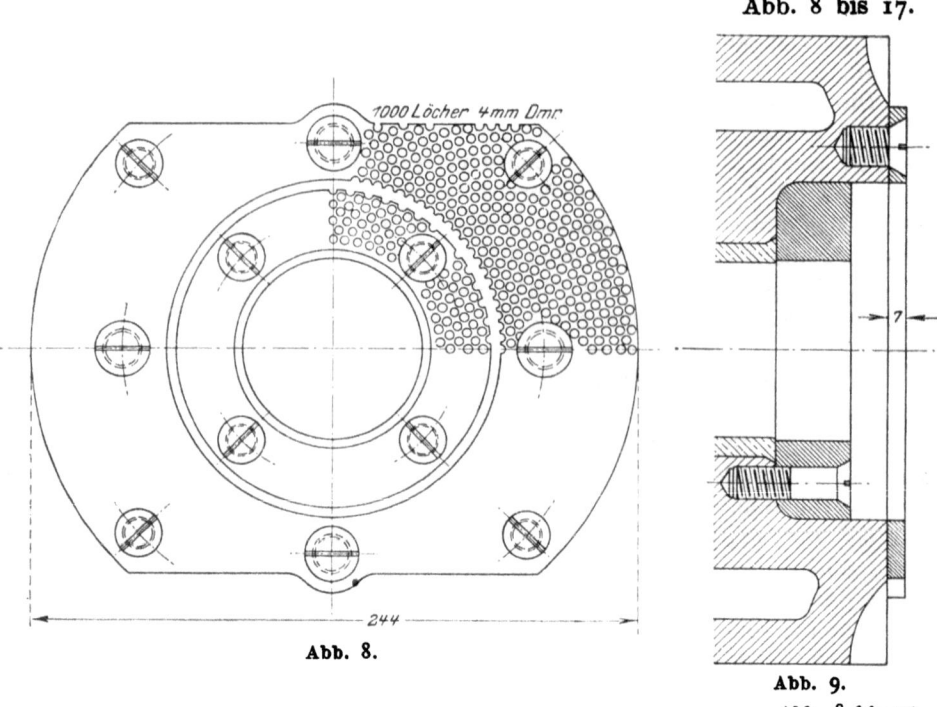

Abb. 8.

Abb. 9.
Abb. 8 bis 12.

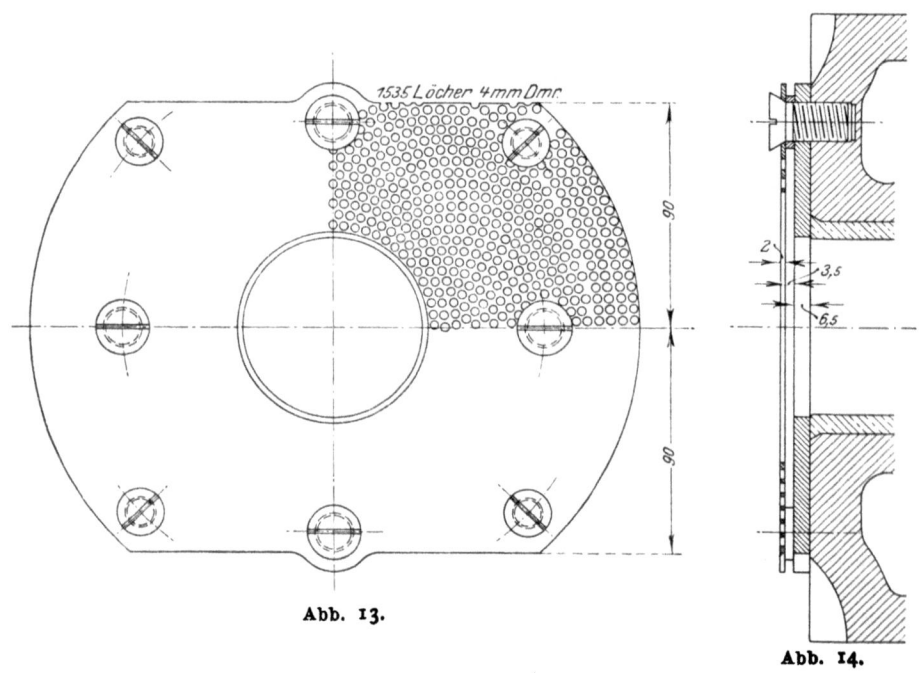

Abb. 13.

Abb. 14.

Abb. 13 bis 17.

— 9 —

Zusätzliche Oberflächen.

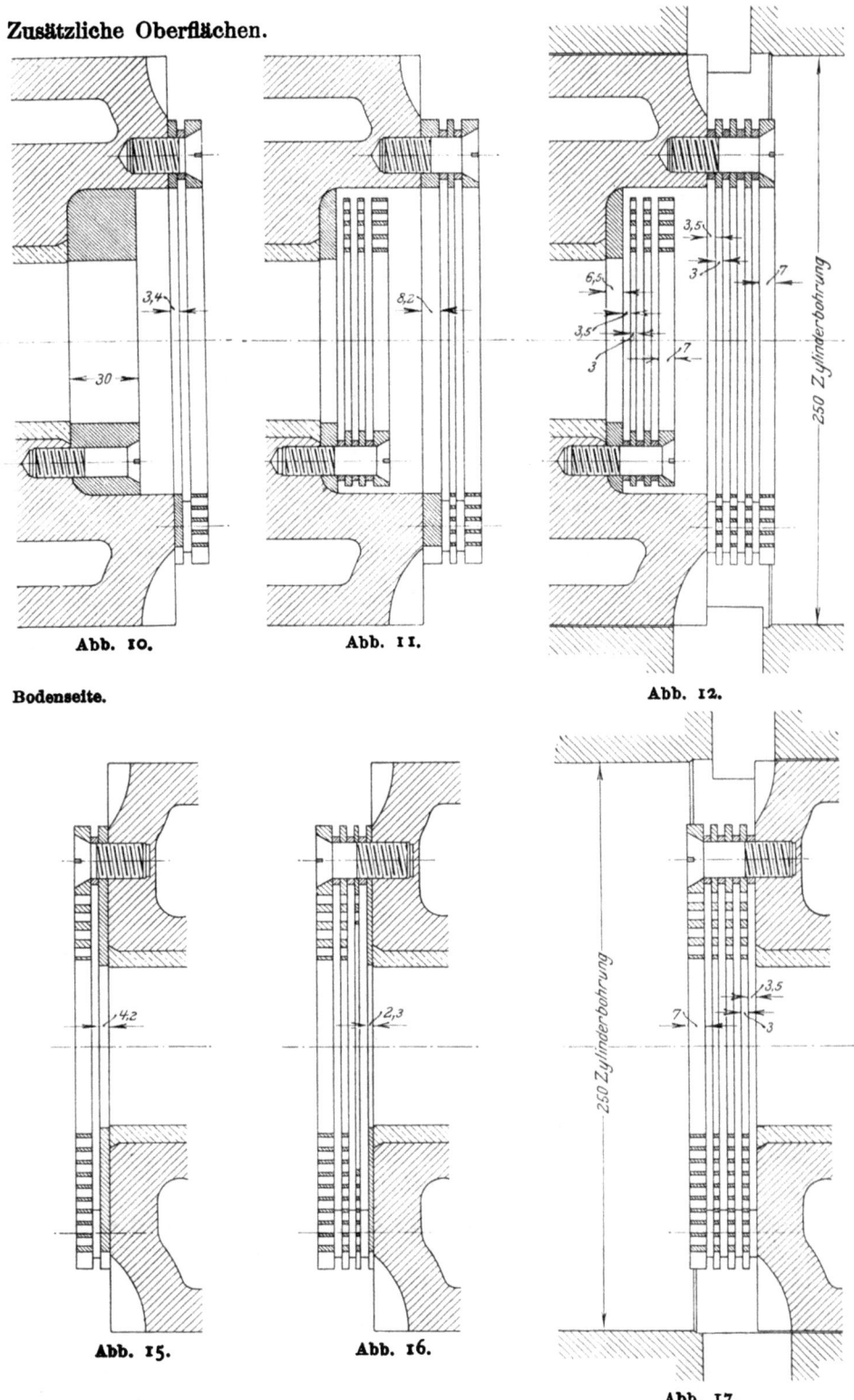

Abb. 10. Abb. 11. Abb. 12.

Bodenseite.

Abb. 15. Abb. 16. Abb. 17.

Deckelseite.

Zur Berechnung der Oberflächen ist Folgendes zu bemerken:

Nicht berücksichtigt ist die Oberflächenvergrößerung der nicht bearbeiteten Teile, wie sie durch die Unebenheiten der Gußhaut entsteht. Ferner ist nicht

Zahlentafel 1.

Die schädlichen Oberflächen und die eingebauten Eisengewichte.

Oberfläche Nr.			I	II	III	IV
schädlicher Raum in vH des Hubraumes	Deckelseite	vH	8,65	8,72	8,62	8,70
	Bodenseite	»	8,76	8,68	8,71	9,13
Oberfläche f des schädlichen Raumes	Deckelseite	qcm	4039	5224	6650	7908
	Bodenseite	»	4036	5223	6604	7872
während der Füllung (18 vH) vom Kolben freigegebene Fläche f_1		»	1274	1274	1274	1274
$f + 0{,}35\, f_1$ [1])	Deckelseite	»	4484	5669	7096	8354
	Bodenseite	»	4481	5668	7050	8318
	Mittel	»	4483	5669	7073	8336
eingebautes Eisengewicht	Deckelseite . . .	kg	2,288	2,137	2,371	2,188
	Bodenseite . . .	»	3,728	3,944	3,864	2,741
Summe der eingebauten Eisengewichte		»	6,016	6,081	6,235	4,929

[1]) Die Elemente der während der Eintrittzeit freigelegten Zylindermantelfläche f_1 sind naturgemäß hinsichtlich der Beteiligung am Wärmeaustausch mit der Oberfläche des schädlichen Raumes nicht als gleichwertig zu betrachten, da die Zeitdauer ihrer Berührung mit dem Eintrittsdampf ja veränderlich ist. Die Wirkung dieser Flächenelemente dürfte zwar auch wesentlich von andern Faktoren, wie Bewegungszustand des Dampfes und augenblicklichem Temperaturunterschied zwischen Dampf und Wand abhängig sein; doch erschien es zweckmäßig, eine von Sonderverhältnissen unabhängige einfache Beziehung zu Grunde zu legen. Setzt man daher die Wirksamkeit der einzelnen Flächenelemente der Berührungszeit proportional, so läßt sich leicht zeichnerisch eine mittlere Berührungsdauer t_m für die Fläche f_1 ermitteln. In Abb. 18 ist eingezeichnet, bei-

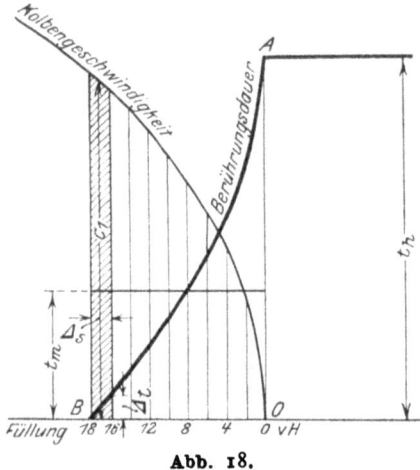

Abb. 18.

spielsweise für die Deckelseite, die Linie der Kolbengeschwindigkeiten. Die bei Freilegung eines Kolbenwegelementes verstreichende Zeit ist dem Quotienten aus Kolbenwegelement und mittlerer Kolbengeschwindigkeit für dasselbe gleich, z. B. für das letzte Wegelement der Füllung $\Delta t = \dfrac{\Delta s}{c_1}$.

Die Linie A-B, Abb. 18, ergibt sich durch Summierung dieser Zeitelemente, die mittlere Höhe t_m der Fläche ABO entspricht der mittleren Berührungszeit zwischen Dampf und Wand während der Füllung. Ist t_h die von der Kolbentotlage bis zum Füllungsende verstreichende Zeit, so ergibt sich, als Mittel aus Boden- und Deckelseite: $t_m = 0{,}35\, t_h$. Damit ist ein Näherungswert für das Verhältnis der Wirksamkeit der während der Füllung freigelegten Fläche zur Oberfläche des schädlichen Raumes gewonnen.

berücksichtigt die Oberfläche des infolge der kurzen Zentrierungsleiste am Zylinderdeckel zwischen diesem und dem Zylinder entstehenden Ringraumes, dessen radiale Höhe 0,4 mm beträgt. Vergleichende Versuche, bei denen dieser Raum einmal in regelrechter Verbindung mit dem Zylinder, das andere Mal mittels eines zweiten Zentrierungsringes von ihm abgeschlossen war, ergaben einen den Genauigkeitsgrad der Messungen überschreitenden Einfluß der Oberfläche dieses Ringraumes nicht, womit der üblichen Anschauung entsprechend angenommen werden kann, daß sich bei Sattdampfbetrieb dieser schmale Raum mit Kondenswasser und Schmieröl vollsetzt und seine Oberfläche daher nicht als eigentliche wärmeaustauschende Fläche zu betrachten ist.

Wie die Abb. 8 bis 17 zeigen, werden die bei jeder Stufe hinzukommenden Oberflächen durch Eisenteile gebildet, welche mit den übrigen Zylinderwänden nur durch Vermittlung von Unterlegscheiben von verhältnismäßig geringer Fläche in Zusammenhang stehen. Bei Beurteilung der Beteiligung dieser zusätzlichen Flächen am Wärmeaustausch müssen auch die Eisenmassen, durch welche sie gebildet sind, in Betracht gezogen werden. Bezeichnet O die Oberfläche eines solchen von der Wand unabhängigen »freien Eisengewichtes«, G das Gewicht selbst, so ist, mit γ als spezifischem Gewicht des Eisens,

$$\delta = \frac{G}{O\gamma} \qquad \qquad (1),$$

die mittlere Wandtiefe der Oberfläche O, das ist die Tiefe, welche für das Eindringen der Wärmewellen in das Eisen zur Verfügung steht. Zahlentafel 2 enthält die hier inbetracht kommenden Zahlenwerte; man erkennt, daß die Größe δ sowohl für die gesamten als für die Teilflächen mit befriedigender Gleichheit den Wert 0,6 mm aufweist.

Zahlentafel 2.
Die von der Zylinderwand unabhängigen Eisengewichte und deren Oberflächen.

Oberfläche Nr.		I	II	III	IV
von der Wand unabhängiges Eisengewicht	Deckelseite kg	0,256	0,738	1,351	1,791
	Bodenseite »	0	0,626	1,318	1,920
Oberfläche des von der Wand unabhängigen Eisengewichtes	Deckelseite qcm	532	1717	3143	4401
	Bodenseite »	0	1188	2568	3837
mittlere Wandtiefe δ für das von der Wand unabhängige Eisengewicht	mm	0,62	0,62	0,61	0,58
hinzukommendes Eisengewicht	Deckelseite kg		0,482	0,613	0,440
	Bodenseite »		0,626	0,692	0,602
hinzukommende Oberfläche	Deckelseite qcm		1185	1426	1258
	Bodenseite »		1188	1380	1269
mittlere Wandtiefe δ für das hinzukommende Eisengewicht	mm		0,69	0,61	0,57

Es muß noch besonders hervorgehoben werden, daß neben dieser kleinen mittleren Wandtiefe noch der Bewegungszustand des Dampfes an den Flächen sowie auch deren Lage hinsichtlich der Heizräume auf ihre Wirkung von erheblichem Einfluß sein dürften.

Der ursprüngliche schädliche Raum (bei normalem Hub 761,5 mm) wurde durch Rechnung und Wasserfüllung, der durch die erwähnten baulichen Maßnahmen entstandene zusätzliche schädliche Raum durch Rechnung und durch Bestimmung des Raumbedarfes der eingebauten Eisengewichte mittels Wägung bestimmt.

Sorgfältiges Einschleifen der Ventile bei mit Dampf von 7,2 at Ueberdruck geheiztem Mantel ging den Versuchen voraus. Der Kolben wurde auf Dichtheit nachgesehen und dicht befunden, ebenso, vor und verschiedentlich während der Versuche, der mittelbar geheizte Kessel und der Kondensator. Auch die zur Kühlung der Kondensate aus der Frischdampfleitung und den Heizräumen dienenden Kühlschlangen wurden der Prüfung auf Dichtheit unterworfen.

II. Versuchsausführung.

a) Betriebsbedingungen.

Es wurde bei allen Versuchen Sattdampf von 7,2 at Ueberdruck verwendet. Der Druck im Auspuffrohr und Auslaßventilkasten wurde mit 0,15 at abs. unverändert gehalten, mit Ausnahme der mit Oberfläche I angestellten Versuchsreihen 1 und 5, bei denen wegen zu großen Spannungsabfalles in der Leitung zwischen Zylinder und Kondensator der Wert 0,15 at abs. nicht eingehalten werden konnte[1]). Füllung und Umlaufzahl blieben ebenfalls unverändert, erstere rd. 18 vH, letztere rd. 92,5 in 1 Minute. Zwecks Gleichhaltung der Füllung wurde das Spiel des Regulators durch Anschläge an Spindel und Gestänge in engen Grenzen — 1½ bis 2 mm — gehalten und durch sorgfältiges Bremsen Aufliegen an den Anschlägen verhindert. Die Versuche wurden mit Mantel- und Deckelheizung sowie ohne Heizung durchgeführt. Jede Versuchsreihe bestand aus 4 Versuchen mit den mittleren Kompressionsgraden 1, 12, 25 und 50 vH. Füllungs- und Kompressionsgrad wurden aus den Ventilerhebungsdiagrammen der Ein- und Auslaßventile ermittelt.

Für das Einlaufen der Maschine in den Beharrungszustand erwiesen sich 4 bis 5 st Betriebzeit unter den Versuchsverhältnissen als notwendig. Der Beharrungszustand der Wärmebewegung erscheint allgemein für Versuche der in Rede stehenden Art von größter Wichtigkeit. Bei der vorliegenden Einzylindermaschine ist dies noch in besonderem Maße der Fall, weil sich zu beiden Seiten des Zylinders die erheblichen Eisenmassen des Rahmens und der Laterne befinden, in denen die Temperaturausbreitung nur sehr langsam vor sich geht. Um ein Urteil über diesen Temperaturverlauf zu bekommen, sind bei einzelnen Versuchsreihen, etwa eine Stunde nach Inbetriebsetzung der Maschine beginnend, die Temperaturen an den in Abb. 7 bezeichneten Meßstellen 1 bis 5 beobachtet worden. Abb. 19 zeigt ihren Verlauf. Man erkennt, daß die Temperaturen der Oberfläche und der Wand am Zylinder selbst sehr rasch eine unveränderliche Höhe erreicht haben, während dies bei den Temperaturmeßstellen an Rahmen und Laterne um so länger dauert, je weiter sie vom Zylinder abliegen. Rd. 5 st nach Inbetriebsetzung der Maschine steigt auch an diesen Stellen die Temperatur nicht mehr.

Um alle Verhältnisse gleichzuhalten, erschien es angezeigt, die vier Versuche einer Reihe ohne Betriebsunterbrechung zur Durchführung zu bringen. Demgemäß gelangten zunächst dreistündige Versuche, mit Zwischenabschluß nach 1½ Stunden und 1 bis 2 Stunden Pause zwischen je zwei Versuchen, zur Ausführung. Nachdem sich gezeigt hatte, daß die Zwischenabschlüsse sich immer in sehr guter Uebereinstimmung befanden, konnte die Versuchsdauer auf 2 Stunden ohne Zwischenabschluß verkleinert werden. Bei Durchführung der

---

[1]) Eine mit Fläche IV bei höherem Gegendruck, 0,19 at abs., ausgeführte Reihe 4b, Zahlentafel 3, ist ebenfalls mitgeteilt worden.

Versuchsreihen wurde teils mit der kleinsten, teils mit der größten Kompression begonnen. Die Frage nach dem Einfluß dieser Reihenfolge war Veranlassung, eine Reihe in umgekehrtem Sinn zu wiederholen (Reihen 4 und 4a s. u.), wobei sich über die Meßgenauigkeit hinausreichende Abweichungen nicht ergaben.

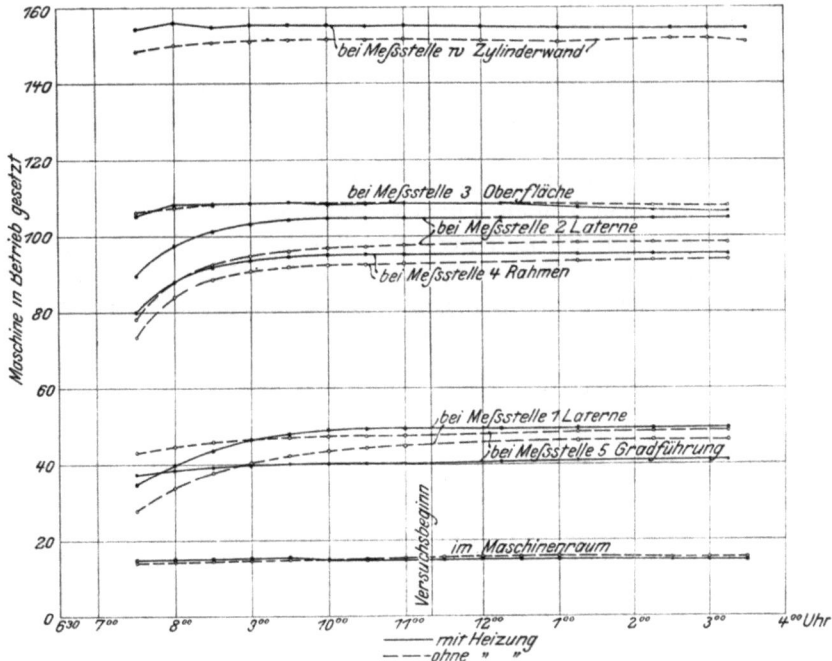

Abb. 19. Verlauf der Temperaturen an der Maschine.

b) Messung des Dampfverbrauches.

Der Dampfverbrauch wurde durch Wägen des in den mittelbar geheizten Kessel gelangenden Speisewassers, des Kondensates aus dem Oberflächenkondensator, der Frischdampfleitung und, im Falle der Heizung, aus Mantel und Deckeln bestimmt. Von den durch Undichtheiten nach außen entstehenden Verlusten konnte das aus den Auslaßventilen tretende Leckwasser berücksichtigt werden.

Die Speisepumpe des mittelbar geheizten Kessels entnahm das Speisewasser einem Sauggefäß, das nach Bedarf abgewogenes Wasser unmittelbar aus dem Wägegefäß erhielt. Der Wasserstand im Sauggefäß wurde mittels einer Nadelvorrichtung so eingestellt, daß er zu Beginn und bei Abschluß des Versuchs gleich hoch war. Kurz vor Beginn des Versuchs wurde die Speisepumpe abgestellt und im Augenblick des Versuchsbeginns der Wasserstand im mittelbar geheizten Kessel mittels Marke festgelegt. Nach Wiederanstellen der Pumpe wurde der Wasserstand langsam einige Millimeter über diese Marke gebracht und während der Versuchsdauer in dieser Höhe gehalten. Einige Minuten vor Ende des Versuchs wurde die Speisepumpe abgestellt. Mittels Sekundenuhr wurde nun der Zeitpunkt des Durchgangs des Wasserspiegels durch die Marke und damit der Abschluß der Speisewassermessung festgestellt.

Die Kondensatmessung ging wie folgt vor sich: Vor Beginn eines Versuchs strömte das Kondensat ungehindert durch Sammel- und Wägegefäß. Bei Versuchsbeginn war der Ausfluß des ersteren nach dem letzteren zunächst ab-

— 14 —

zuschließen, um das Leergewicht des Wägegefäßes zu bestimmen. Auf das Zeichen zum Versuchsabschluß war wiederum das Sammelgefäß abzuschließen und die Teilfüllung des Wägegefäßes zu bestimmen.

Die Kondensate aus Frischdampfleitung und Heizung wurden nach Austritt aus den Kondenstöpfen in besonderen Kühlgefäßen gekühlt, in Eimern aufgefangen und gewogen.

Der Unterschied zwischen dem Dampfverbrauch, ermittelt aus dem Speisewasser, und dem Dampfverbrauch, bestimmt aus dem Kondensationswasser, ergab sich, wie die Zahlentafeln 3 und 4 (am Schluß dieses Heftes) zeigen, schwankend zwischen rd. 5 und rd. 10 kg/st, das ist rd. 1 bis 2 vH der Speisewassermenge[1]. Der Unterschied ist den Undichtheiten der Stopfbüchsen, den Verlusten beim Indizieren und zum Teil auch dem Verdunsten des Kondensates zuzuschreiben; er zeigt sich erheblich geringer, als dies bei sonst bekannt gewordenen Messungen der Fall ist[2]. Wurde der Unterschied größer als die angegebenen Beträge, so ergab sich in der Regel als sichtbare Ursache vergrößerte Lässigkeit der Stopfbüchsen.

c) Ermittlung der indizierten Leistung.

Zur Verwendung gelangten Indikatoren mit außenliegender Feder. Eichungen der letzteren nach den für die Prüfung von Indikatorfedern geltenden, vom Verein deutscher Ingenieure aufgestellten Bestimmungen[3] fanden mehrmals im Lauf der Versuche statt; die mittleren Federmaßstäbe wurden nach dem in diese Bestimmungen aufgenommenen Verfahren von Eberle ermittelt. Kolbenwegdiagramme wurden gleichzeitig mit Einlaßventilerhebungsdiagrammen in Zeit-

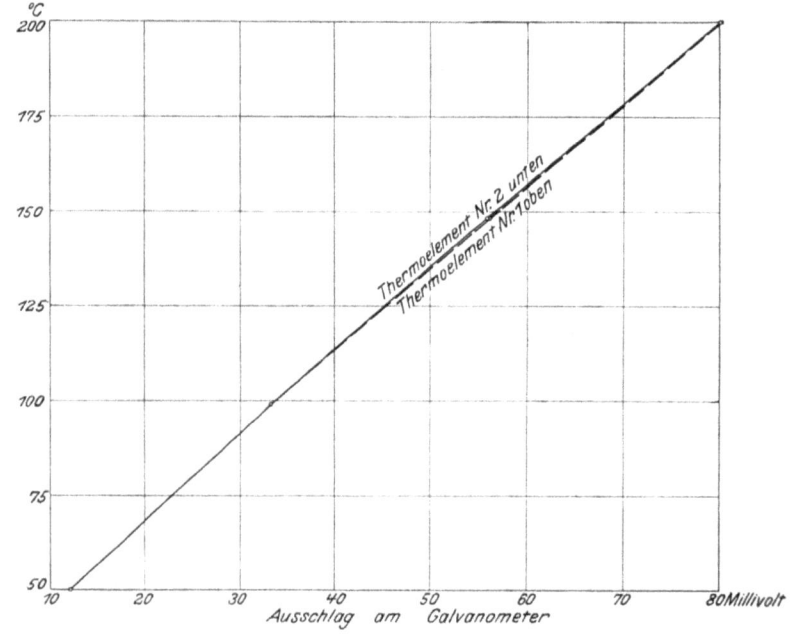

Abb. 20. Eichkurve der Thermoelemente.

[1]) Bei dieser Sachlage konnte die Versuchsdauer im Vergleich mit andern Versuchen kurz gewählt werden.

[2]) Vergl. Heilmann, Z. d. V. d. I. 1911 S. 1704. Schröter und Koob, Z. d. V. d. I. 1903 S. 725 und Mitt. über Forschungsarbeiten Heft 19.

[3]) Z. d. V. d. I. 1906 S. 709.

abständen von 10 Minuten aufgenommen; mehrmals während der Versuchsdauer wurden auch Ventilerhebungsdiagramme der Auslaßventile genommen.

d) Druck- und Temperaturmessung.

In Zeitabständen von je 10 Minuten wurden abgelesen: Die Spannung des Heiz- und Arbeitsdampfes im mittelbar geheizten Dampfkessel, die Spannung in der Rohrleitung rd. 2 m vor dem Absperrventil, das Vakuum im Auslaßventilkasten und im Kondensator, ferner die Temperatur des Dampfes im Einlaßventilkasten, der Zylinderwand an der Stelle w, Abb. 7, des Kondensats unmittelbar nach Austritt aus dem Kondensator, der Luft im Maschinenraum, sowie die Temperatur der Deckelwand auf Bodenseite. Zu letzterer Messung dienten Kupfer-Konstanten-Thermoelemente, die auf bekannte Weise geeicht wurden. Abb. 20 zeigt die Eichkurve.

Die Ablesung der Temperatur des Kühlwassers vor Eintritt in den Kondensator und nach Austritt aus demselben geschah in Zeitabständen von je 5 Min.

e) Messung der Kondensationskühlwassermenge.

Das Kühlwasser wurde mit Hilfe von zweien der oben erwähnten geeichten Behälter derart gemessen, daß diese Behälter abwechselnd gefüllt und der Wasserinhalt jeweils durch Ablesen des Wasserstandes vor und nach Füllung mittels Nadelvorrichtung bestimmt wurde.

III. Versuchsergebnisse.

Die Beobachtungswerte, die ermittelten Leistungen und der Dampfverbrauch für die indizierte Pferdekraftstunde sind in Zahlentafel 3 (am Schluß dieses Heftes) für die Versuche mit Heizung, in Zahlentafel 4 für die Versuche ohne Heizung zusammengestellt. Die Nummern der Versuche, Reihe 4, entsprechen ihrer zeitlichen Reihenfolge. Die Versuchsreihe 8, Zahlentafel 4, enthält den Versuch 15 (Kompressionsgrad rd. 29) nicht, da dieser Versuch wegen Störung des Beharrungszustandes verworfen werden mußte; dagegen ist ein Einzelversuch 13a für den ersten Kompressionsgrad zugefügt. In Zahlentafel 4 ist die Mit-

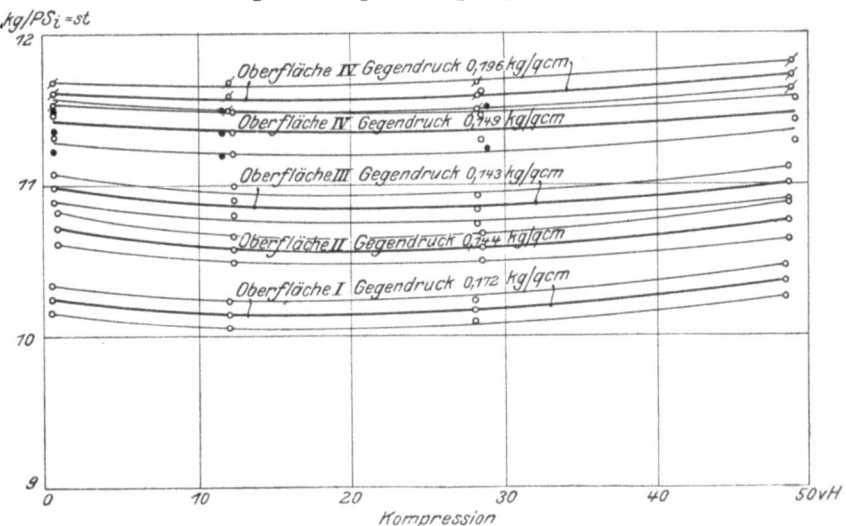

Abb. 21. Dampfverbrauch für 1 PS$_i$-st bei Mantel- und Deckelheizung in Abhängigkeit von der Kompression.

teilung der Wandtemperatur an der Stelle w, Abb. 7, unterblieben, weil bei Betrieb ohne Heizung die Angaben des Thermometers infolge Beeinflussung durch den Frischdampf im Einlaßventilkasten beeinträchtigt worden sind.

In den Abb. 21 und 22 ist der Dampfverbrauch für 1 PS$_i$-st für die Versuche mit und ohne Heizung in Abhängigkeit vom Kompressionsgrad, in

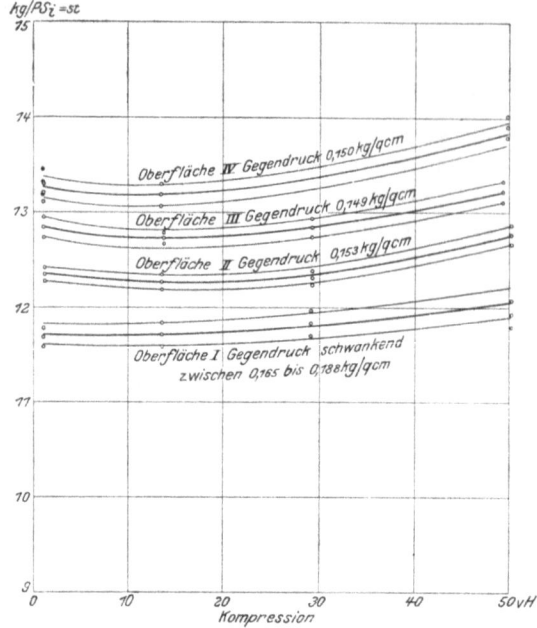

Abb. 22. Dampfverbrauch für 1 PS$_i$-st ohne Heizung in Abhängigkeit von der Kompression.

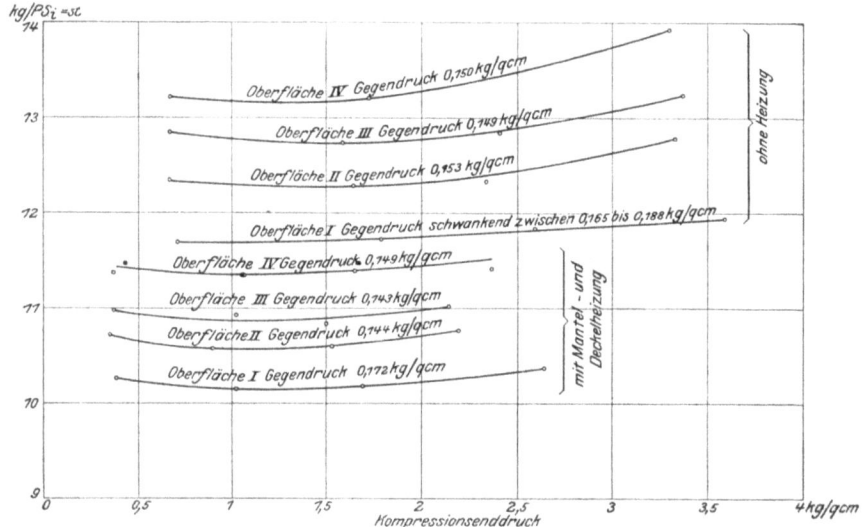

Abb. 23. Dampfverbrauch für 1 PS$_i$-st in Abhängigkeit vom Kompressionsenddruck.

Abb. 23 in Abhängigkeit vom Kompressionsenddruck dargestellt, die Abb. 24 bis 27 geben dieselben Werte bei den verschiedenen Kompressionsgraden in Abhängigkeit von den Zusatzflächen. In den Abb. 21, 22, 24 bis 27 ist jeder Versuch durch 3 Punkte bezeichnet, der oben liegende Punkt entspricht dem aus der Speisewassermessung, der unten liegende dem aus der Kondensatmessung

Abb. 24 bis 27. Dampfverbrauch für 1 PS$_i$ in Abhängigkeit von den Oberflächen.

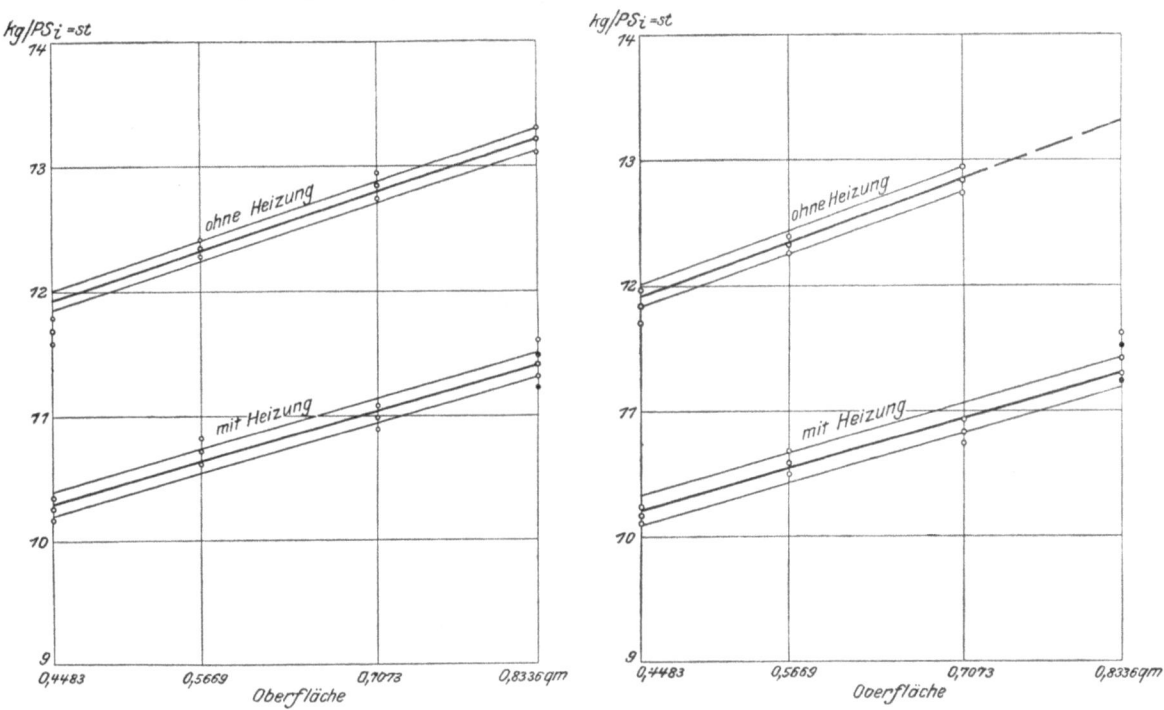

Abb. 24. rd. 1 vH Kompression.

Abb. 25. rd. 12 vH Kompression.

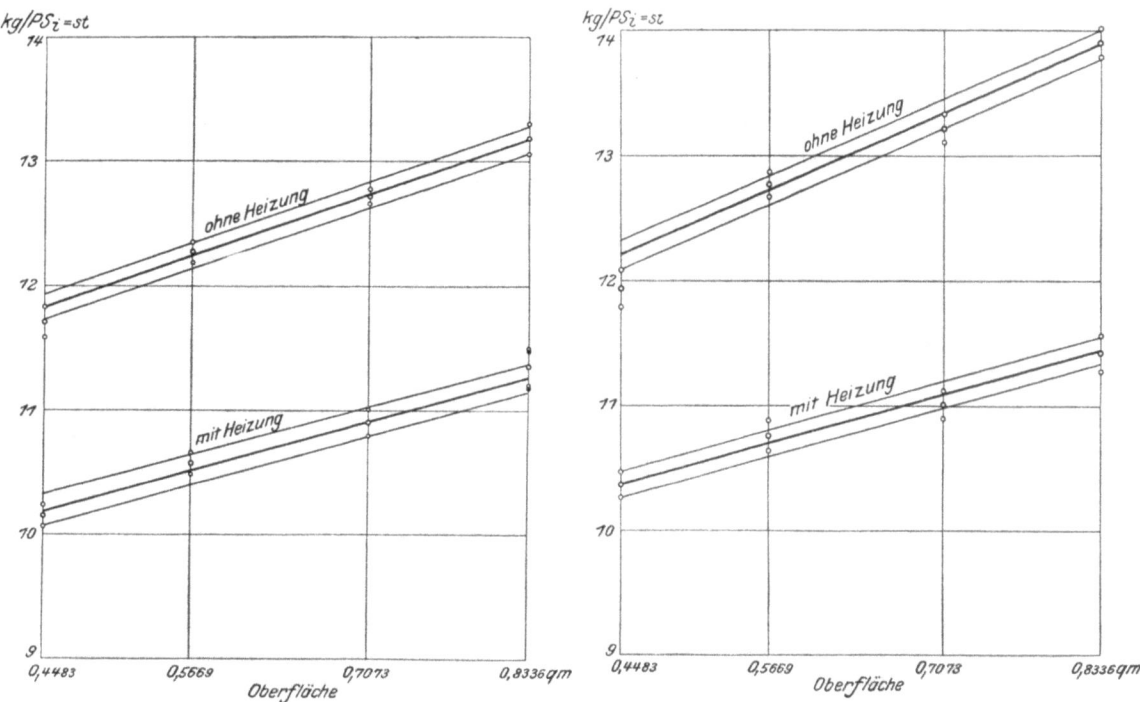

Abb. 26. 25 vH. Kompression.

Abb. 27. 50 vH Kompression.

gewonnenen Dampfverbrauchswert, ferner ist das arithmetische Mittel aus beiden eingetragen. Abb. 23 enthält nur die letzteren Werte. In den Abb. 24 bis 27 sind Gerade als Ausgleichlinien eingezogen, in Abb. 28 sind diese Linien zusammengestellt, und außerdem noch die Mittelwerte des Dampfverbrauchs mit eingetragen.

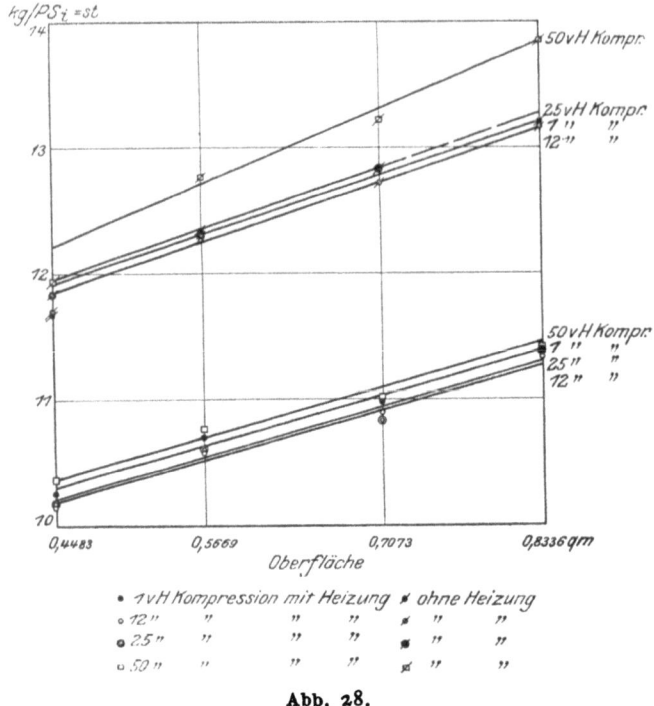

Abb. 28.

Die Abb. 21 und 22 zeigen, daß unter den vorliegenden Verhältnissen der Dampfverbrauch einen kleinsten Wert bei einem Kompressionsgrad erreicht, welcher zwischen 10 und 25 vH liegt. Für die Versuche geringeren Dampfverbrauches (Heizung) nähert sich der günstigste Kompressionsgrad mehr der oberen Grenze, für die Versuche höheren Dampfverbrauchs (ohne Heizung, große Flächen) mehr der unteren Grenze. Nach Abb. 23 scheint der günstigste Dampfverbrauch für alle Versuche bei einem und demselben Kompressionsenddruck zu liegen, welcher zwischen rd. 1 und rd. 1,5 at abs. liegt. Der Kurvenverlauf ist indessen in allen Fällen so flach, daß Abweichungen vom günstigsten Kompressionsgrad und Kompressionsenddruck in weiten Grenzen einen wirtschaftlichen Einfluß auf den Dampfverbrauch nicht ausüben. Die Versuche mit Oberfläche I, weil mit abweichendem Gegendruck angestellt, können nicht unmittelbar in Betracht gezogen werden.

Der schädliche Einfluß zu hoch getriebenen Kompressionsgrades ergibt sich bei den Versuchen ohne Heizung erheblich größer als bei den Versuchen mit Heizung. Bei den letzteren wird der Unterschied des gemessenen größten Dampfverbrauchs (bei rd. 50 vH Kompression) und des gemessenen kleinsten Dampfverbrauchs (bei rd. 12 vH Kompression) höchstens rd. 2 vH des kleinsten Dampfverbrauchs; bei den Versuchen ohne Heizung steigt der Unterschied dagegen auf rd. 5,4 vH. Die Abb. 24 bis 28 lassen sämtlich mit Annäherung lineares Zunehmen des Dampfverbrauchs mit den künstlichen Flächen erkennen. Hinsichtlich weiterer Erörterung der ausgesprochenen, unmittelbar den Versuch zahlen entnommenen Ergebnisse muß auf den folgenden Abschnitt IV verwiesen werden.

Die mittels Thermoelemente gemessenen Wandtemperaturen des Zylinderdeckels (Zeile 17, Zahlentafel 3 und 4) dürfen nicht als ganz feststehend betrachtet werden; es traten, auch während eines und desselben Versuches, mehrfach unter sonst gleich bleibenden Verhältnissen Schwankungen der Angaben auf, welche den Betrag von 2 bis 3° C erreichten. Die Ursache dieser Unsicherheit liegt vermutlich in nicht ganz gleichmäßigem Aufliegen der Lötstelle an der Wandung infolge der Erschütterung durch den Gang der Maschine. Es läßt sich jedoch deutlich erkennen, daß die Wandtemperatur in der Nähe des vom Frischdampf bespülten Einlaßkanals höher ist als in der Nähe des Auslaßkanals und daß sich die Wandtemperatur an diesen Stellen mit steigender Kompression etwas erhöht. Der Einfluß dieser Erhöhung erweist sich nach der kalorimetrischen Untersuchung im folgenden Abschnitt allerdings als sehr gering. Quantitative Schlüsse sollen deshalb aus dieser Veränderlichkeit der Temperaturen nicht gezogen werden.

IV. Bearbeitung und Erörterung der Versuchsergebnisse.

a) Kalorimetrische Untersuchung der Diagramme, Ermittlung des Wärmeverlustes durch Leitung und Strahlung.

Die angestellten Messungen ermöglichten mit weitgehender Annäherung die Bestimmung der während der einzelnen Diagrammperioden von den Wänden aufgenommenen und abgegebenen Wärmemengen. Die zur Auswertung verwendeten bekannten kalorimetrischen Grundgleichungen sollen mit den zugehörigen Bezeichnungen kurz wiederholt werden. In Abb. 29 bezeichnen die Diagrammpunkte 1, 2, 3, 4 den Beginn der Expansion, des Ausströmens, der Kompression und des Einströmens. Ferner sind:

Q_{41}, Q_{12}, Q_{23}, Q_{34} in WE/Hub die während der Einströmung, der Expansion, der Ausströmung und der Kompression von der Wand an den Dampf übergegangenen Wärmemengen,

Q_h in WE/Hub die durch die Heizung zugeführte Wärme,

Q_a in WE/Hub die durch Strahlung und Leitung des Dampfzylinders nach außen abgeführte Wärme,

Q_k in WE/Hub die vom Kühlwasser des Kondensators aufgenommene Wärme,

Q_e in WE/Hub die durch Wärmestrahlung des Kondensators und der Verbindungsleitung zwischen Zylinder und Kondensator abgeführte Wärme,

G in g das für 1 Hub in den Zylinder gelangte, durch den Versuch bestimmte Dampfgewicht,

g in g das während der Kompressionsperiode im Zylinder vorhandene Dampfgewicht (Restdampfgewicht),

L_1 = Fläche 4 1 1' 4' 4, L_2 = Fläche 1 2 2' 1' 1,

L_3 = Fläche 2 3 3' 2' 2, L_4 = Fläche 3 4 4' 3' 3, ebenfalls in WE/Hub, die während der 4 Perioden vom Dampf abgegebenen oder an ihn übertragenen Arbeiten,

q, ϱ, r, x, mit den entsprechenden Zeigern, die Flüssigkeitswärme, innere Verdampfungswärme, gesamte Verdampfungswärme, spezifische Dampfmenge in den 4 Diagrammpunkten,

q_5 die Flüssigkeitswärme des Kondensates,

λ der Wärmeinhalt des in den Zylinder tretenden Dampfes unter Voraussetzung trockener Sättigung desselben.

Die Wärmemengen Q ergeben sich dann aus den folgenden Beziehungen.

$$Q_{41} = (G+g)(q_1 + x_1 \varrho_1) - G\lambda - g(q_4 + x_4 \varrho_4) + L_1 \quad \ldots \quad (2)$$

$$Q_{12} = (G+g)(q_2 + x_2 \varrho_2) - (G+g)(q_1 + x_1 \varrho_1) + L_2 \quad \ldots \quad (3)$$

$$Q_{23} = g(q_3 + x_3 \varrho_3) + Q_k + Q_e + G q_5 - (G+g)(q_2 + x_2 \varrho_2) + L_3 \quad (4)$$

$$Q_{34} = g(q_4 + x_4 \varrho_4) - g(q_3 + x_3 \varrho_3) + L_4 \quad \ldots \quad (5).$$

Schließlich besteht die Beziehung:

$$Q_{41} + Q_{12} + Q_{23} + Q_{34} + Q_k + Q_e = 0 \quad \ldots \quad (6),$$

worin gemäß Abb. 29 die von der Wand auf den Dampf übertragenen Wärmemengen als positiv, die umgekehrt vom Dampf an die Wand übertragenen Wärmemengen als negativ einzusetzen sind.

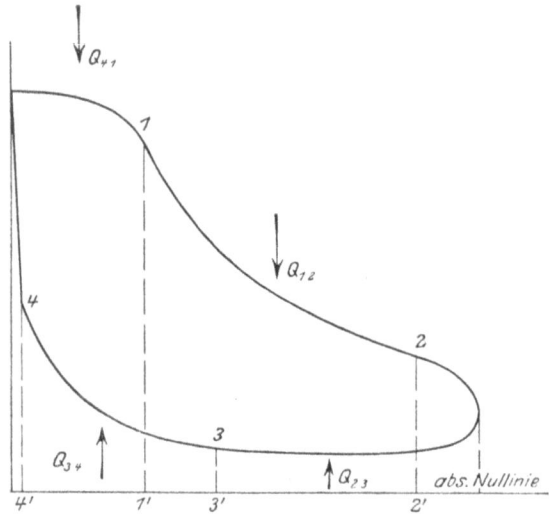

Abb. 29. Diagrammschema.

In dem Ausdruck für Q_{23} ist die durch Kolben- und Stopfbüchsenreibung erzeugte Wärme vernachlässigt worden, auch der Betrag Q_e ist nur mit Annäherung zu rd. 0,2 WE für 1 Hub ermittelt worden[1]).

Hinsichtlich des Betrages des »Restdampfgewichtes« g besteht, wie bekannt, Unsicherheit. Der vorliegenden Untersuchung ist die Annahme trockner Sättigung zu Ende der Kompressionszeit, im Diagrammpunkt 4, zugrunde gelegt, eine Annahme, die, wie sich aus der späteren Untersuchung (s. unter b dieses Abschnittes) ergibt, nicht zu sehr von der Wirklichkeit entfernt liegt.

---

[1]) Bezeichnet O die ausstrahlende Oberfläche von Kondensator und Leitung, ϑ ihre mittlere Temperatur, t die Temperatur der umgebenden Luft, α die Wärmeübergangszahl zwischen Wand und Luft, c die Strahlungszahl, so wird der Wärmeverlust der Leitung in WE/st:

$$Q_e = O\alpha(\vartheta - t) + Oc\left[\left(\frac{273+\vartheta}{100}\right)^4 - \left(\frac{273+t}{100}\right)^4\right].$$

Mit $O = 10$ qm, $\alpha = 5$, $c = 4$, $\vartheta = 45^0$ C, $t = 20^0$ C, Zahlen, die mittleren Verhältnissen entsprechen, wird mit Annäherung

$$Q_e = 0{,}22 \text{ WE/Hub}.$$

Von einer besonderen Ermittlung des Wertes Q_e für die Einzelversuche ist mit Rücksicht auf die Unsicherheit aller Verhältnisse abgesehen worden.

Die Zahlentafel 5 (am Schluß dieses Heftes) enthält die Grundlagen und die Ergebnisse der kalorimetrischen Untersuchungen, die Abb. 30 und 31 die Ergebnisse in Abhängigkeit von der Oberfläche $f + 0{,}35 f_1$.

Die Linienzüge der Wärmemengen Q_{41} für die einzelnen Kompressionsgrade zeigen nur geringe Abweichung, eine gesetzmäßige Veränderlichkeit von Q_{41} mit dem Kompressionsgrad ergibt sich nicht, eine solche liegt jedenfalls innerhalb der Genauigkeitsgrenzen der Versuche. Immerhin ist zu erkennen, daß Q_{41} beim größten Kompressionsgrad kleiner ist als bei den übrigen. Die auftretenden Unterschiede betragen indessen auch hier im Höchstfall kaum mehr als 5 bis 6 vH des größten Betrages. Es darf ausgesprochen werden, daß innerhalb weiter Grenzen des Kompressionsgrades die Wärmemenge Q_{41}, d. i. die **Eintrittskondensation, praktisch unabhängig ist vom Kompressionsgrad**. Unter c dieses Abschnittes wird hierauf eingehender zurückzukommen sein. Die Eintrittskondensation, so weit sie durch die zusätzlichen Oberflächen hervorgerufen wurde, ergibt sich, wie die Figuren 30 und 31 zeigen, annähernd proportional der Größe dieser Oberflächen. Die Werte der ersten Oberfläche weichen etwas ab, weil bei diesen Versuchen, wie oben erwähnt, die Betriebsbedingungen etwas anders lagen als bei den übrigen. Aus demselben Grund ergibt sich für diese Versuche das Restglied Q_s für die Strahlung etwas höher, insbesondere infolge des Umstandes, daß die bei diesen Versuchen vorhandene erheblich längere Auspuffleitung größere Verluste durch Leitung und Strahlung verursachte. Im übrigen bildet der Umstand, daß der Betrag Q_s je für die Versuche mit und ohne Heizung als annähernd gleich zu betrachten ist, eine Probe für den Genauigkeitsgrad der Messung, insbesondere der Messung der auf das Kühlwasser übertragenen Wärmemenge. Wenn in Betracht gezogen wird, daß bei 20° Temperaturerhöhung und 15000 kg Kühlwasser in der Stunde ein Ablesefehler von 0,1° C im vorliegenden Falle eine Abweichung von rd. 0,14 WE/Hub, d. i. rd. 10 vH des Restgliedes Q_s bewirkt, so darf die erzielte Uebereinstimmung der Q_s-Werte als befriedigend bezeichnet werden. Für die Versuche 12, 14 und 19 ist auf die Bestimmung der Werte Q_k, Q_{23} und Q_s infolge Ungenauigkeiten bei der Temperaturmessung des Kühlwassers verzichtet worden.

Aus den Abb. 30 und 31 sind die bekannten charakteristischen Wirkungen der Heizung auf den Wärmeaustausch bei Sattdampfmaschinen deutlich zu erkennen. Die Höhe des Wärmeumsatzes Q_{41} steigt unter normalen Verhältnissen der Oberflächen, also bei Fläche 1 bei Betrieb ohne Heizung auf das rd. 1,7-fache des Betrages bei Betrieb mit Heizung; in ähnlichem Maße wird die während der Expansionsperiode dem Prozeß wieder zugeführte Wärmemenge Q_{12} (Nachverdampfen) bei ungeheizter Maschine geringer als bei der geheizten Maschine; endlich wird der absolute Verlust, nämlich die während des Ausströmvorganges dem Dampf zugeführte Wärmemenge Q_{23}, bei ungeheiztem Zylinder nahezu das Doppelte des Betrages bei geheiztem Zylinder. Wie auch zu erwarten stand, wird der Verlust durch Strahlung, als einziger Vorteil der ungeheizten Maschine, etwas niedriger bei Betrieb ohne Heizung als bei Betrieb mit Heizung.

Für die Strahlung Q_s ergibt sich als Mittelwert aus allen Versuchen, mit Ausnahme derjenigen bei Fläche 1, die aus den erwähnten Gründen zur Mittelwertbildung nicht herangezogen wurden, der Betrag 1,74 WE/Hub = 19300 WE/st bei geheizter Maschine, und 1,11 WE/Hub = rd. 12300 WE/st bei ungeheizter Maschine. Die erheblichen Abweichungen der Einzelwerte, wie sie sich aus Zahlentafel 5, Zeile 29, ergeben, ließen es wünschenswert erscheinen, die Strahlungsverluste unmittelbar zu bestimmen. Dabei ist in folgender Weise verfahren worden:

1) Es wurde lediglich Frischdampf von 7,2 at Ueberdruck im Dampfmantel gehalten und das Kondensat gemessen.

In der Vermutung, daß hierbei zusätzliche, im Betriebzustande nicht eintretende Verluste durch Leitung und Strahlung nach dem Zylinderinnern eintreten könnten, wurden außerdem, um diese Verluste auszuschalten,

2) Dampfdrücke verschiedener Größe im Zylinderinnern hergestellt und das Kondensat aus Mantel und Zylinderinnerem gemessen.

Der Beharrungszustand galt als erreicht, wenn sich die Angaben der Quecksilber-Thermometer an den Stellen 2, 3, 4 und w, Abb. 7, nicht mehr änderten. Die nach außen

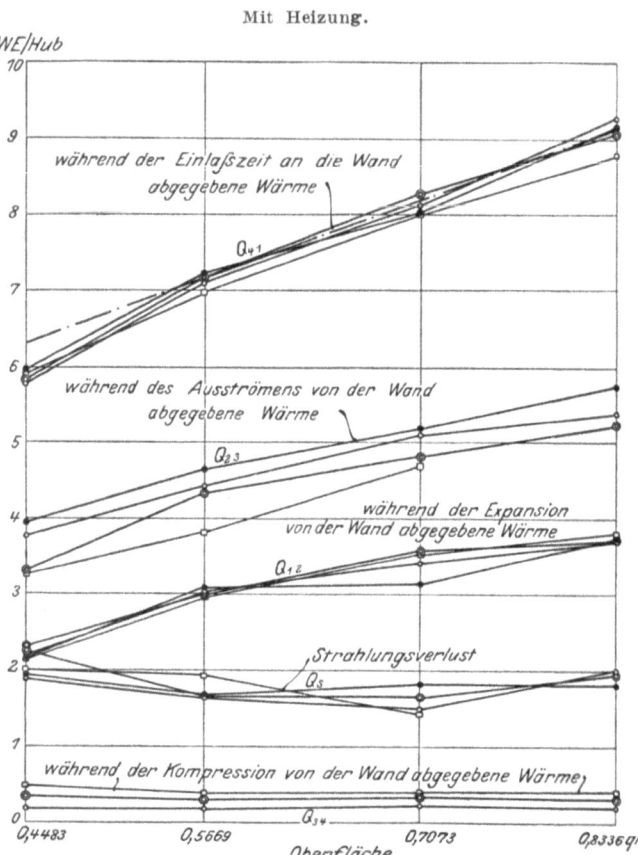

Abb. 30

Linienzüge der bei den einzelnen Kompressionsgraden für 1 Hub ausgetauschten Wärmemengen in Abhängigkeit von den Oberflächen.

Zahlentafel 6. Ergebnisse der Versuche zur Bestimmung der Strahlungsverluste des Zylinders.

Versuch Nr.	Druck im		Temperaturen am Zylinder bei Meßstelle				Temperatur im Maschinenraum	Kondensat vom		nach außen abgegebene Wärmemenge Q_s		
	Mantel kg/qcm abs.	Zylinder kg/qcm abs.	w Wand °C	2 Rahmen, Bodenseite °C	3 Verschalung, Oberfläche °C	4 Rahmen, Deckelseite °C	°C	Mantel kg/st	Zylinder kg/st	vom Mantel WE/st	vom Zylinder WE/st	Summe WE/st
1	8,25	0	153,3	106,5	113,1	101,8	29,0	33,80	0	16592	0	16592
2	8,10	5,75	153,4	106,9	116,0	101,9	29,5	31,86	1,66	15662	833	16495
3	8,25	6,50	155,0	108,7	117,6	103,8	29,8	31,10	1,84	15267	917	16184
4	8,29	8,20	158,2	109,0	121,0	104,0	26,1	23,30	5,77	11445	2835	14280

und 31.

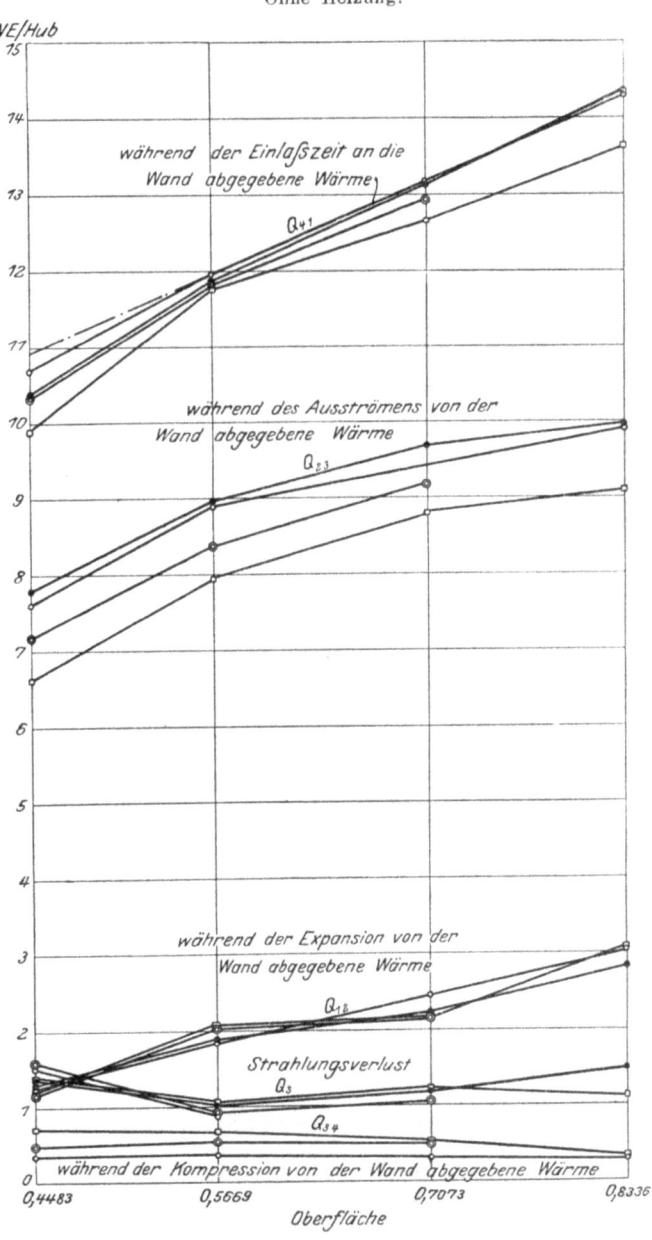

durch Leitung und Strahlung abgegebene Wärmemenge ergab sich als die Summe der äußeren Verdampfungswärmen der im Mantel und Zylinder niedergeschlagenen Dampfmengen. Zahlentafel 6 zeigt die Ergebnisse von 4 Messungen mit wechselndem Druck im Zylinder.

Man erkennt, daß das Kondensat aus dem Mantel mit steigendem Druck im Zylinderinnern abnimmt, ein Beweis, daß die inneren Zylinderflächen mit abnehmendem Druck im Innern in steigendem Maße an den Wärmeverlusten des Mantels beteiligt sind. Dasselbe zeigt auch die Tatsache, daß die gesamte übergehende Wärmemenge bei Messung 4 kleiner ist als bei Messung 1, trotzdem die Oberflächen- und Wandtemperaturen steigen.

Die mittleren Druck- und Temperaturverhältnisse im Mantel und im Zylinderinnern während der Versuche mit Heizung liegen zwischen den Zuständen der Versuche 1 und 2, so daß die Zahl von rd. 16500 WE/st als gemessener Strahlungsverlust für den Betriebszustand während der Versuche gelten kann. Dieser Betrag ist dem durch den Versuch 1 — Admissionsdruck nur im Mantel[1]) — gewonnenen praktisch gleich. Wenn in Betracht gezogen wird, daß im Betriebszustand der Maschine die Wärmeabgabe an die Außenluft durch Leitung infolge der Ventilationswirkung der bewegten Teile erheblich erhöht wird, so

---

[1]) Entsprechend dem Vorschlage Grashofs zur Messung des Strahlungsverlustes, s. Theoretische Maschinenlehre III S. 567.

darf der durch die kalorimetrische Untersuchung bei Betrieb mit Heizung gefundene Mittelwert von 19 300 WE/st als gut übereinstimmend mit der unmittelbaren Messung bezeichnet werden. Der für den Betrieb ohne Heizung ermittelte Betrag ist naturgemäß erheblich niedriger.

b) Untersuchung der Kompressionsperiode.
Exponent der Expansionslinie.

Bezeichnet s_0 den schädlichen Raum in vH des Hubraumes FH, p, v Druck und spezifisches Volumen in irgend einem Punkt der Kompressionslinie, v_s das spezifische Volumen trocken gesättigten Dampfes in diesem Punkte, $x = \frac{v}{v_s}$ die spezifische Dampfmenge, s den Kolbenweg vom betrachteten Punkt bis zum Hubende, so ergibt sich das während der Kompression im Zylinder befindliche Dampfgewicht

$$g = \frac{FH(s+s_0)}{v} = \frac{FH(s+s_0)}{x v_s} = \frac{FH(s_4+s_0)}{x_4 v_{s4}},$$

worin sich der Zeiger 4 auf den Zustand zu Ende der Kompression, den Diagrammpunkt 4, Abb. 29, bezieht. Es folgt

$$\frac{x}{x_4} = \frac{(s+s_0) v_{s4}}{(s_4+s) v_s} \qquad \ldots \ldots \ldots \ldots (7).$$

Mit $x_4 = 1$, gemäß der unter IVa S. 19 getroffenen Annahme, stellt der Ausdruck (7) die spezifische Dampfmenge dar. Aus dem Verlauf der Kurven, welche das Verhältnis $\frac{x}{x_4}$, etwa in Abhängigkeit vom Kolbenweg darstellen, läßt sich die Richtung der Wärmebewegung zwischen Kompressionsdampf und Zylinderwand erkennen. Starkes Ansteigen der Kurve, also auch der spezifischen Dampfmenge x, ist gleichbedeutend mit Wärmezufuhr von der Wand an den Dampf, Umkehr und Abfallen der Kurve, also Abnahme der spezifischen Dampfmenge, zeigt die umgekehrte Wärmebewegung an. Der Beginn der Umkehr der Wärmebewegung fällt zusammen mit dem Berührungspunkt der die Kurve berührenden Adiabate; dieser Berührungspunkt liegt in der Nähe des Scheitelpunktes der Kurve $\frac{x}{x_4}$, so daß letzterer mit Annäherung als Beginn der Umkehr der Wärmebewegung betrachtet werden kann[1]). Eine genaue Bestimmung dieses Punktes enthält die weiter unten folgende Darstellung im JS-Diagramm.

Die Abb. 32 bis 43 zeigen die Kurven des Verhältnisses $\frac{x}{x_4}$ für die verschiedenen Kompressionsgrade der Versuche an den Flächen I und IV mit Heizung; I und III[2]) ohne Heizung. Der erste Kompressionsgrad — rd. 1 vH — ist weggelassen, eine genaue Ermittlung war hier nicht möglich, weil Anfangs- und Endpunkt der Kompression, bei 0,5 vH Voreinströmen, nur rd. 0,5 vH des Kolbenweges voneinander entfernt waren.

Aus den Darstellungen ist deutlich zu erkennen, daß beim Kompressionsgrad rd. 12 vH eine Umkehr der Wärmebewegung im Kompressionsdampf noch nicht eingetreten ist, es wird Wärme nur von der Wand an den Dampf abgegeben; beim Kompressionsgrad rd. 28 vH ist in allen Fällen die Umkehr der

---

[1]) Genaueres hierüber s. Klemperer, Ueber den ökonomischen Einfluß der Kompression bei Dampfmaschinen. Mitt. über Forschungsarbeiten Heft 24 und Z. d. V. d. I. 1905 S. 797 u. f.

[2]) Fläche III ist hier herangezogen worden, weil der Versuch 15, Fläche IV, bei rd. 25 vH Kompression ausfiel.

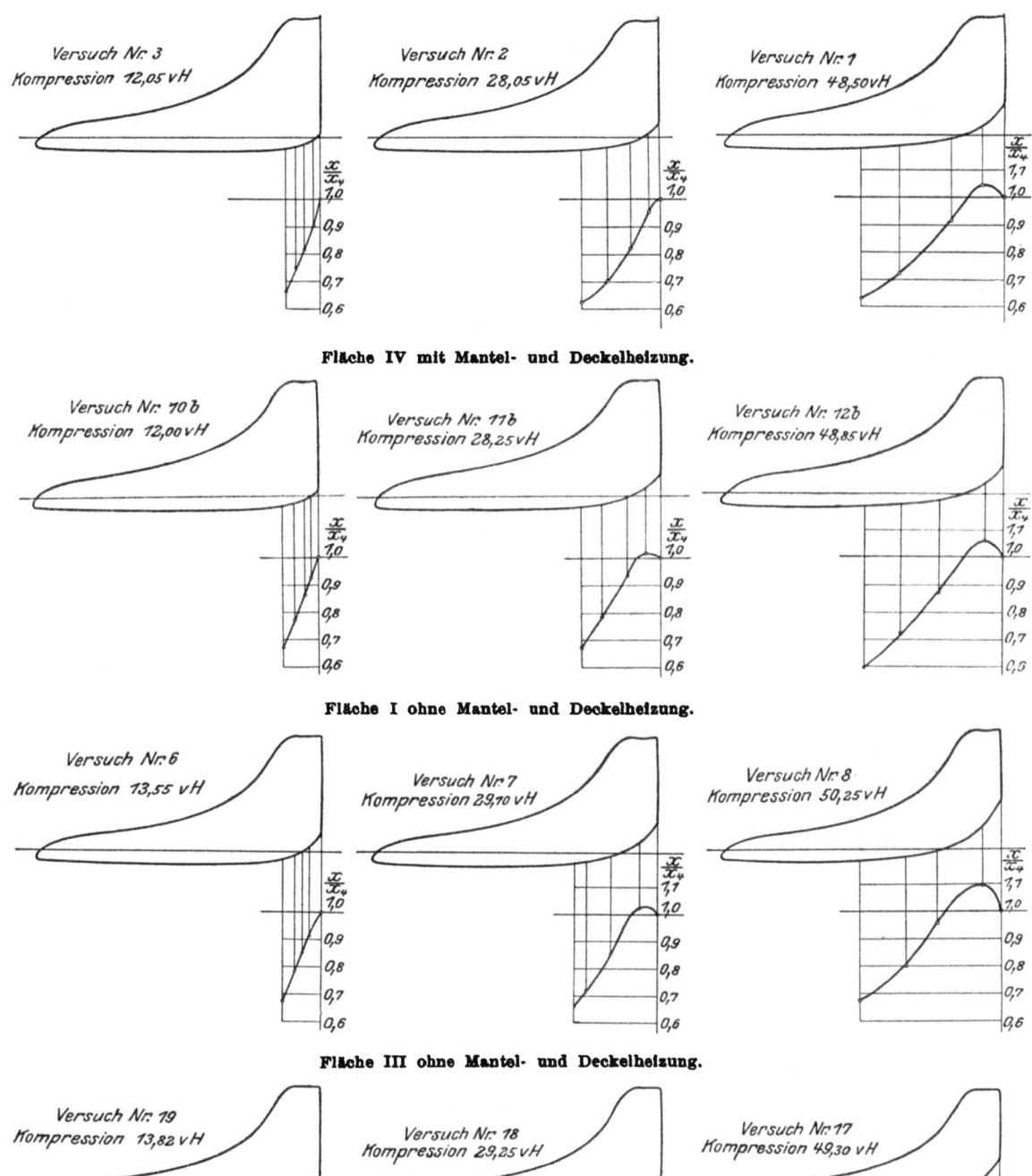

Abb. 32 bis 43. Untersuchung der Kompressionsperiode.

Wärmebewegung schon eingetreten. Der Beginn der Umkehr der Wärmebewegung, d. i. Gleichheit der Kompressionstemperatur und der niedrigsten Wandtemperatur, findet also bei einem Kompressionsgrad statt, welcher zwischen beiden liegt. Zwischen den Kompressionsgraden 12 und 28 vH liegt aber auch, wie festgestellt, der geringste Dampfverbrauch[1]).

Die Ansicht, daß die wirtschaftlichste Kompression diejenige sei, bei welcher die Temperatur des Dampfes im Endpunkt der Kompression der zu diesem Zeitpunkt vorhandenen Wandtemperatur gleich wird, scheint hiernach für die vorliegende Maschine eine Bestätigung zu erhalten. Nach den späteren Untersuchungen ergibt sich indessen die Wärmebewegung des Kompressionsdampfes als nicht ausschlaggebend für den Einfluß des Kompressionsgrades auf den Dampfverbrauch.

Einen guten Einblick in die Zustandsänderung des Kompressionsdampfes bei Vorhandensein von Umkehr der Wärmebewegung und — bei Kenntnis der mittleren Wandtemperatur und Annahme der Weite der Oberflächentemperaturschwingung — einen Anhalt über die Größe des Restdampfgewichtes, erhält man, wenn man die Zustandsänderung des Kompressionsdampfes in das von Mollier angegebene Diagramm der Wärmeinhalte überträgt. Dies ist in Abb. 44 für den Versuch 8 geschehen, und zwar unter den folgenden 3 Annahmen:

1) Der Kompressionsdampf ist trocken gesättigt zu Beginn der Kompression.
2) Der Kompressionsdampf ist trocken gesättigt zu Ende der Kompression.
3) Es findet während der Kompression keine Ueberhitzung statt, der Dampf erreicht nur den Zustand trockener Sättigung.

Wird an die Kurve der Zustandsänderung die berührende Adiabate gezogen, im Mollierdiagramm also eine Parallele zur Achse der Wärmeinhalte, d. h. eine senkrechte Tangente, so ergibt der Berührungspunkt die Umkehr der Wärmebewegung. Die Temperatur in diesem Punkte muß der niedrigsten Wandtemperatur gleich gesetzt werden, wenn man annimmt, daß die Umkehr der Wärmebewegung dann eintrete, wenn die Temperatur des Dampfes höher wird als die Temperatur der Wand. Die mittlere Wandtemperatur ergibt sich, mit der Genauigkeit der Messung derselben, aus Zahlentafel 4 zu rd. 145° C; wird der Temperaturausschlag für den ohne Heizung angestellten Versuch 8 zu 13° C[2]) geschätzt, so wird die niedrigste Wandtemperatur im vorliegenden Fall rd. 132° C. Demgegenüber ergibt sich aus Abb. 44 für den Versuch 8 die Temperatur bei Umkehr der Wärmebewegung

bei Annahme 1 zu rd. 310° C,
» » 2 » » 134° C,
» » 3 » » 123° C.

Annahme 1 fällt hiernach außer Betracht[3]). Die Annahme 2 entspricht dagegen mit Annäherung den Verhältnissen des Versuches. Bei den Versuchen mit Fläche II, III, IV, ohne Heizung, größte Kompression, sowie bei den meisten

---

[1]) Ein ähnliches Verhalten wie die vorliegende Ventilmaschine zeigen hinsichtlich des Einflusses der Kompression auf den Dampfverbrauch die Corlißmaschinen des Dresdener Maschinenlaboratoriums (180 mm Zylinder-Dmr., 450 mm Hub) s. Klemperer, a. a. O., und des Laboratoriums der Universität Gent (250 mm Zylinder-Dmr. 500 mm Hub), s. Boulvin, Expériences sur la compression de la vapeur dans l'espace nuisible des machines à vapeur, Revue de méchanique 1907 S. 109.

[2]) Eine Erörterung dieser Annahmen findet sich in des Verfassers Aufsatz »Strömungswiderstände in den Steuerungsventilen einer Kolbendampfmaschine« Z. d. V. d. I. 1912 S. 1191.

[3]) Neuerdings folgerte Armand Duchesne (Recherches sur les propriétés de la vapeur d'eau surchauffée, Paris, 1911) aus mittels Thermoverbindungen durchgeführten Messungen des zeitlichen Verlaufes von Temperaturen im Kompressionsdampf, daß der Dampf schon zu Beginn der

Versuchen mit Heizung wird der Wert der Umkehrtemperatur, wie er sich aus dem Molliergramm ergibt, höher liegen als 134°, bei den übrigen Versuchen mit Umkehr der Wärmebewegung niedriger. Bei denjenigen Kompressionsgraden, bei welchen Umkehr der Wärmebewegung nicht stattfindet, tritt starke Wärmezufuhr zum Kompressionsdampf ein. Die Annahme trockener Sättigung im Endpunkt der Kompression dürfte daher im vorliegenden Falle mittleren Verhältnissen entsprechen.

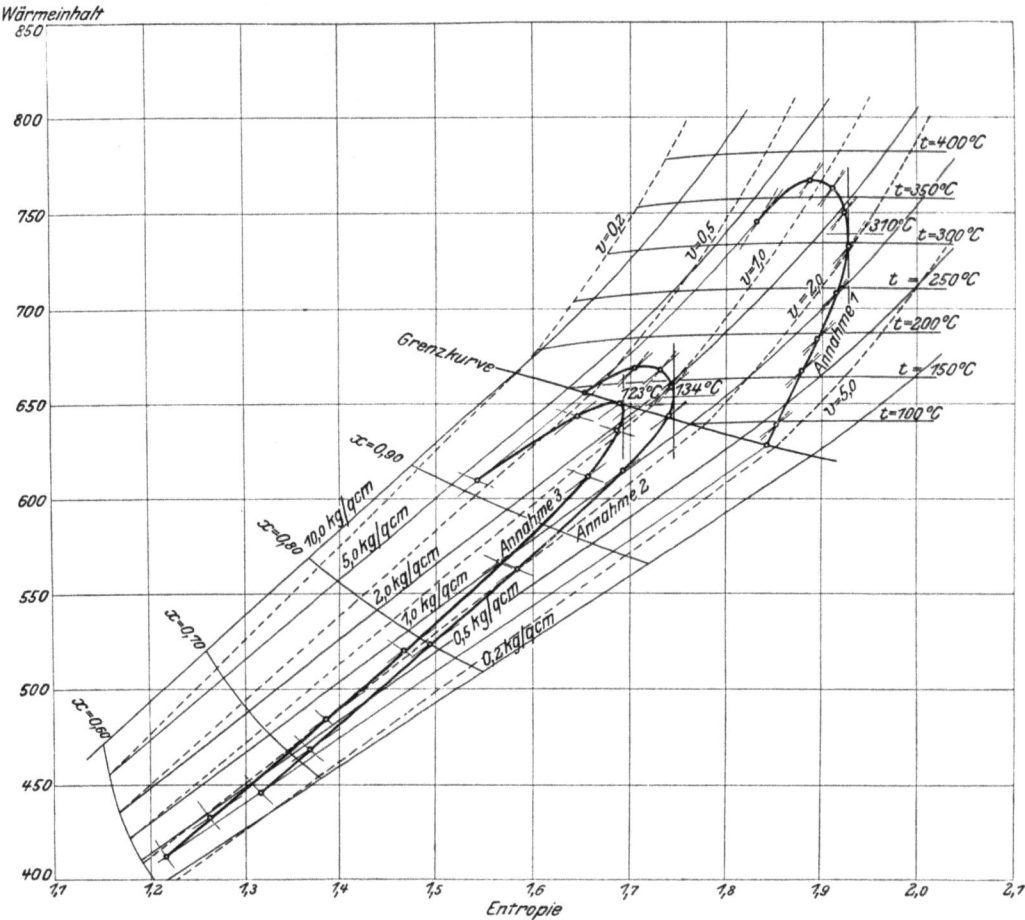

Abb. 44. Zustandsänderung des Kompressionsdampfes im JS-Diagramm.

Es soll für den Versuch 8 der Einfluß, den die verschiedenen Annahmen des Anfangszustandes bei der Kompression auf die der kalorimetrischen Untersuchung zugrunde zu legende Größe des Restdampfgewichtes haben, festgestellt werden. Den Wert für das letztere

$$g = \frac{FH(s_4 + s_0)}{v_4} = \frac{31{,}97(0{,}005 + 0{,}087)}{v_4}$$

Kompressionsperiode trocken gesättigt oder etwas überhitzt sei — als Folge der Wirkung der Zylinderwände auf den ausströmenden Dampf — und daß tatsächlich Ueberhitzungstemperaturen, wie sie der oben gemachten Annahme 1 entsprechen, im Kompressionsdampf auftreten. Auch unter Voraussetzung der Richtigkeit der Messungen Duchesnes und unter der Annahme, daß die an einem oder mehreren Punkten des schädlichen Raumes gemessenen Temperaturen sich gleichmäßig über den letzteren verteilen, dürften die Ergebnisse insbesondere mit Rücksicht auf die von den üblichen abweichenden Betriebsbedingungen — die Maschine lief mit 15 und 30 Uml./min. — nicht ohne weiteres verallgemeinert werden können.

enthält die folgende Zusammenstellung:

Annahme		1	2	3
v_4	cbm/kg	0,695	0,468	0,426
g	g	4,23	6,28[1)]	6,90

Das im Zylinder für 1 Hub arbeitende Dampfgewicht ist $G + g = 42{,}7 + 6{,}28 = 48{,}98$ g; die Abweichung zwischen den der Wirklichkeit nahe kommenden Annahmen 2 und 3 beträgt $6{,}90 - 6{,}28 = 0{,}62$ g, entsprechend $\frac{0{,}62 \cdot 100}{48{,}98} = 1{,}27$ vH des arbeitenden Dampfgewichtes. Die Abweichung zwischen den Annahmen 2 und 1 dagegen beträgt $6{,}28 - 4{,}23 = 2{,}05$ g, entsprechend $\frac{2{,}05 \cdot 100}{48{,}98} = 4{,}1$ vH des arbeitenden Dampfgewichtes. Die grundlegende Annahme über den Zustand des Restdampfgewichtes erscheint daher von nicht unerheblichem Einfluß, wobei allerdings zu beachten ist, daß es im vorliegenden Einzelfalle — Versuch 8, größte Kompression ohne Heizung — einen Höchstbetrag aufweist.

Die Exponenten der Kompressionskurven sind für alle Versuche mit Ausnahme derjenigen beim Kompressionsgrad 1 vH berechnet worden nach

$$n = \frac{\log \dfrac{p_4}{p_3}}{\log \dfrac{v_3}{v_4}} \quad \ldots \ldots \ldots \quad (8).$$

Die so erhaltenen Werte sind in Zahlentafel 5, Zeile 31, zusammengestellt und in Abb. 45 für die verschiedenen Flächen in Abhängigkeit von der Kompression dargestellt. Als Mittel aus allen Versuchen ergibt sich eine Abnahme des Wertes des Exponenten von 1,37 bei rd. 12 vH Kompression auf 1,25 bei rd. 50 vH Kompression. Ein Einfluß der Betriebsart, mit oder ohne Heizung, auf den Exponenten läßt sich nicht mit Sicherheit feststellen, mit Ausnahme der Versuche mit der Fläche II, von denen die aus Versuchsreihe 6 gewonnene Exponentenkurve aus dem übrigen Kurvenbündel etwas herausfällt. Die angegebenen Zahlen, welche aus Kompressionsanfangs- und -enddruck er-

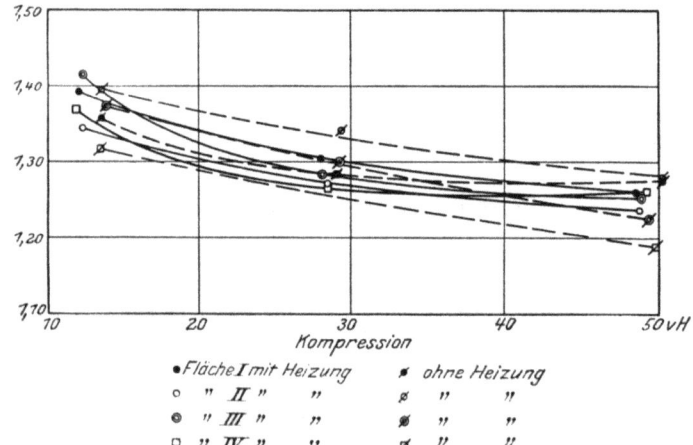

Abb. 45. Exponenten der Kompressionskurven bei verschiedenen Oberflächen in Abhängigkeit von der Kompression.

[1)] Dieser Wert, weil nur einem einzelnen Deckeldiagramm entnommen, ergibt sich höher als der in Zahlentafel 5 angegebene Mittelwert aus den Boden- und Deckeldiagrammen. Die Kompressionsenddrücke auf Deckelseite waren durchweg höher als auf Bodenseite.

mittelt worden sind, geben natürlich nur Mittelwerte des Exponenten, dessen Wert im Verlauf der Kompressionsperiode veränderlich ist. Auch die Größe der Fläche äußert keinen erkennbaren Einfluß, ein solcher liegt also jedenfalls innerhalb der Versuchsgenauigkeit. Zudem wird sich bei den höheren Kompressionsgraden, bei welchen ein Wechsel in der Wärmebewegung des Kompressionsdampfes stattfindet, der Einfluß großer Flächen auf den Mittelwert des Exponenten ausgleichen.

Exponent der Expansionskurve.

Die Zahlentafel 5, Zeile 30, enthält den Exponenten für die Expansionskurve und die zu seiner Ermittlung nötigen Werte. Gl. (8) findet mit sinngemäßer Aenderung der Zeiger auch hier Anwendung. Eine erkennbare Abhängigkeit dieses Exponenten vom Kompressionsgrad ist, wie zu erwarten war, nicht vorhanden. In Abb. 46 ist der Exponent in Abhängigkeit von den Oberflächen $f + 0,35 f_1$ dargestellt. Der Exponent für die Versuche ohne Heizung ist größer als derjenige für die Versuche mit Heizung, was sich

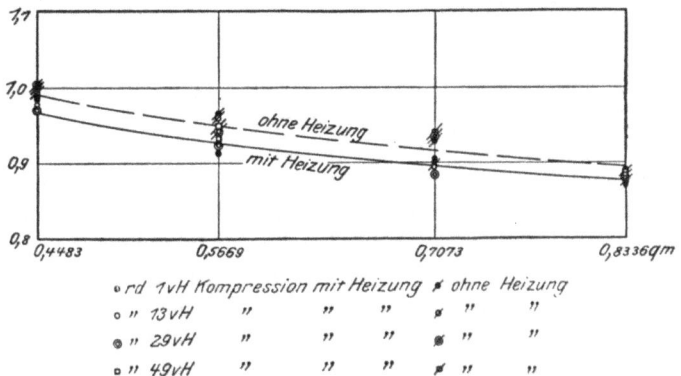

Abb. 46. Exponenten der Expansionskurven bei verschiedenen Kompressionsgraden in Abhängigkeit von den Oberflächen.

durch die Tatsache geringerer Wärmezufuhr während der Expansion bei den Versuchen ohne Heizung erklärt. Beim Zustand der ersten Oberfläche ergibt sich der Exponent bei Betrieb mit Heizung im Mittel zu 0,98, bei Betrieb ohne Heizung im Mittel zu 1,0, der Mariotteschen Linie entsprechend. Die gesamten eingebauten künstlichen Oberflächen bewirken als Folge erhöhten Nachdampfens eine Abnahme des Exponenten bei Betrieb mit Heizung auf 0,88, bei Betrieb ohne Heizung auf denselben Wert. Die Abnahme der Größe des Exponenten beträgt demnach rd. 10 bis 12 vH seines Wertes.

c) Einfluß der Kompression auf die Verluste der Sattdampfmaschine.

Die im Dampfmaschinenprozeß auftretenden Energieverluste sind folgende:

1) Verlust durch Wärmeaustausch zwischen Dampf und Wandungen, erscheint als Unterschied des Arbeitswertes der während der Eintrittzeit niedergeschlagenen Dampfmenge (Eintrittskondensation Q_{k1}) und des durch Wärmezufuhr während der Expansion (Nachverdampfen) wiedergewonnenen Arbeitsbetrages.

Die Verluste durch Leitung und Strahlung erscheinen ebenfalls als Teilbetrag der Eintrittskondensation.

2) Verlust durch Undichtheiten der Steuerungsorgane, des Kolbens und der Stopfbüchsen.

3) Verlust durch Drosselung und Strömungswiderstände in den Steuerungsorganen (Steuerungsverlust).

4) Verlust durch den schädlichen Raum.

5) Verlust durch unvollkommene Expansion.

Ein weiterer Energieverlust, mit dem indessen die Maschine nicht zu belasten ist, entsteht durch die Widerstände der Leitung zwischen Zylinder und Kondensator.

Die Aenderung des Kompressionsgrades wird unter sonst gleichen Verhältnissen, d. i. gleicher Füllung, gleichem Anfangs- und Enddruck, in erster Linie den Verlust durch den schädlichen Raum, in zweiter Linie den Wärmeaustausch beeinflussen. In Wirklichkeit treten aber Abweichungen ein, welche darin liegen, daß bei Aenderung des Kompressionsgrades auch der unter 3) genannte Verlust eine Rolle spielt. Kondensationsmaschinen zeigen bekanntlich, insbesondere bei gutem Vakuum, während der ganzen Austrittzeit eine Abnahme des Druckes im Zylinder, die dadurch begründet ist, daß vollständiger Druckausgleich während der ganzen Austrittzeit nicht eintritt. Je früher also die Kompression einsetzt, umso früher wird der Druckausgleich unterbrochen, umso höher wird der kleinste Druck im Zylinder und der Kompressionsanfangsdruck. Die wirkliche Maschine wird daher im Vergleich mit der drosselungslosen Maschine, welche während der ganzen Austrittzeit einen dem Druck im Auspuffrohr gleichen Druck im Zylinder aufweist, bei demselben Kompressionsgrad einen höheren Kompressionsenddruck erreichen, oder, was dasselbe ist, bei gleichem Kompressionsenddruck wird bei der wirklichen Maschine der Kompressionsgrad, bezogen auf den Abschluß des Steuerorgans, kleiner sein als bei der drosselungsfreien Maschine. Es entsteht also bei der wirklichen Kondensationsmaschine bei zunehmendem Kompressionsgrad ein zusätzlicher Verlust durch die Drosselung der Auslaßsteuerung, welcher die hohen Kompressionsgrade noch ungünstiger erscheinen läßt. Ganz in derselben Weise wirkt auf die Steuerung starke Erhöhung der im Zylinder zu verarbeitenden Dampfmenge, wie sie beispielsweise beim Uebergang vom Betrieb mit Heizung auf den Betrieb ohne Heizung eintritt. Die Diagramme der Versuche ohne Heizung zeigen bei demselben Kompressionsgrad erheblich höhere Kompressionsenddrücke als diejenigen der Versuche mit Heizung.

Der Verlust durch unvollkommene Expansion wird durch die Kompression in erkennbarer Weise nicht beeinflußt, da Füllung und Eintrittspannung unverändert gehalten wurden.

Vom Verlust durch den Wärmeaustausch ist der Verlust durch Undichtheiten ohne besondere Untersuchung des letzteren, die nicht in den Rahmen dieser Arbeit gehört, nicht zu trennen. Es möge hier besonders — für alle folgenden Untersuchungen — hervorgehoben werden, daß der aus der kalorimetrischen Untersuchung gewonnene Betrag Q_{k1} für die Eintrittkondensation mit dem Wärmebetrag des Verlustes durch Undichtheiten behaftet ist, allerdings lassen sowohl die Ergebnisse der kalorimetrischen Untersuchung als auch die Untersuchung der Kompressions- und Expansionskurven den Schluß zu, daß erhebliche Undichtheiten nicht stattgefunden haben können.

Hinsichtlich des Einflusses des Kompressionsgrades auf den Wärmeaustausch zeigen die Ergebnisse der kalorimetrischen Untersuchung, wie sie in Abb. 30 und 31 dargestellt sind, zunächst, daß die Wärmebewegung der Kompressionsdampfmenge und besonders der Einfluß, den der Kompressionsgrad auf sie äußert, erheblich zurücktritt gegenüber dem Gesamtwärmeumsatz. Des weiteren, wie in diesem Abschnitt unter a) S. 21 bereits hervorgehoben, daß auch der Einfluß des Kompressionsgrades auf die Größe der Eintrittskondensation selbst, zum mindesten für die im vorliegenden Fall für wirtschaftlichen Betrieb in Betracht kommenden Kompressionsgrade (zwischen rd. 5 und rd. 35 vH), jedenfalls weit innerhalb der Genauigkeitsgrenzen der Versuche und der durch die Annahmen bei der Auswertung bedingten Abweichungen liegt. Nur beim größten Kompressionsgrad weicht der Betrag von Q_{k1} nennenswert von den übrigen ab. Die größten Abweichungen, bei der größten Oberfläche IV auftretend, betragen nach Zahlentafel 5

$$\frac{14{,}35-13{,}63}{14{,}35}\cdot 100 = 5{,}02 \text{ vH bei der Versuchsreihe ohne Heizung und}$$

$$\frac{9{,}26-8{,}64}{9{,}26}\cdot 100 = 6{,}7 \text{ vH bei der Versuchsreihe mit Heizung.}$$

Die Abweichungen bei Fläche I Abb. 30 bleiben aus wiederholt angeführten Gründen außer Betracht.

Hiernach erscheint der Schluß zulässig, daß der Wärmeaustausch zwischen Dampf und Wand, zum mindesten bei den Kompressionsgraden, die unter den vorliegenden Verhältnissen bei wirtschaftlichem Betrieb überhaupt in Frage kommen, vom Kompressionsgrad in so geringer Weise beeinflußt wird, daß für praktische Zwecke dieser Einfluß vernachlässigt werden kann.

Damit folgt nun, daß es die Wirkung der Kompression auf den rein volumetrisch bestimmbaren Verlust durch den schädlichen Raum ist, welche wesentlich die Abhängigkeit des Dampfverbrauches von der Kompression bedingt. Diese Schlußfolgerung kann auf Grund der Dampfverbrauchsmessung weiter geprüft werden.

Hierbei wird zweckmäßig von dem bei kleinstem Kompressionsgrad gemessenen stündlichen Dampfverbrauch D_1 ausgegangen und ohne Rücksicht auf den Wärmeaustausch diejenige stündliche Dampfmenge D_e berechnet, welche infolge höheren Kompressionsenddrucks bei der Auffüllung des schädlichen Raumes weniger aufzuwenden ist. Diese Dampfmenge darf gesetzt werden

$$D_e = 2\cdot 60\, n\, F\, H\, (s_0 + s_4)(\gamma_k - \gamma_{k1}) \quad \ldots \ldots \quad (9).$$

Hierin ist, außer den schon bekannten Bezeichnungen, s_4 das Voreinströmen in vH des Hubraumes, γ_k das spezifische Gewicht des Dampfes im Kompressionsendpunkt beim höheren Kompressionsenddruck, γ_{k1} dasselbe bei dem niederen Kompressionsenddruck, von welchem ausgegangen werden soll. Der Vergleich der so gewonnenen stündlichen Dampfverbrauchzahlen $D_1 - D_e$ für die höheren Kompressionsgrade mit den gemessenen ermöglicht ein Urteil über den Einfluß der Eintrittskondensation auf den Dampfverbrauch. Zahlentafel 5 enthält in Zeile 32 bis 37 diesen Wert und die zu seiner Ermittlung notwendigen Angaben sowie den gemessenen stündlichen Dampfverbrauch und den Unterschied beider. Der letztere bleibt unter 1 vH des gemessenen Dampfverbrauches bei sämtlichen Werten des zweiten und dritten Kompressionsgrades; lediglich beim größten Kompressionsgrad zeigen sich in einzelnen Fällen Abweichungen, welche den Betrag 2 bis 3 vH erreichen. Eine Gesetzmäßigkeit läßt sich in diesen letzteren Abweichungen nicht erkennen.

Hiernach erscheint die oben ausgesprochene Schlußfolgerung auch durch die Dampfverbrauchsmessung bestätigt.

— 82 —

Der Dampfverbrauch für 1 PS$_i$-st würde sich rechnerisch ergeben zu

$$\frac{D_1 - D_e}{L_i - (L_k - L_{k1})},$$

worin L_i die indizierte Leistung für den ersten Kompressionsgrad und $L_k - L_{k1}$ der jeweilige Zuwachs an Kompressionsarbeit ist. Da die Füllung unverändert gehalten worden ist und der Verlauf der Expansionslinie sich als nahezu unabhängig vom Kompressionsgrad erweist, so darf mit der durch den Steuerungsverlust bedingten Annäherung der Zuwachs an Kompressionsarbeit $L_k - L_{k1}$ einfach dem Unterschied der indizierten Leistungen zwischen zwei Kompressionsgraden gleich gesetzt werden, d. h. also, die Größe $L_i - (L_k - L_{k1})$ wird der bei den höheren Kompressionsgraden tatsächlich gemessenen indizierten Leistung gleich sein. Damit erlangen die Abweichungen des spezifischen Dampfverbrauches denselben Betrag wie diejenigen des stündlichen Dampfverbrauches.

d) Einfluß der Kompression auf den Dampfverbrauch bei unveränderlicher Füllung und verschiedenen Gütegraden des Prozesses in rechnerischer Behandlung.

Unter der Voraussetzung, daß das unter c) für die vorliegende Maschine nachgewiesene Ergebnis allgemeine Gültigkeit besitzt, läßt sich rein rechnerisch ein Urteil über die Abhängigkeit des Dampfverbrauches vom Kompressionsgrad gewinnen unter Berücksichtigung der für die Kompression aufgewendeten Arbeit einerseits und der Verkleinerung des arbeitenden Dampfgewichtes anderseits. Von besonderer Bedeutung ist dabei die Frage, wie diese Abhängigkeit des Dampfverbrauches vom Kompressionsgrad sich bei verschiedenen Gütegraden des Prozesses gestaltet. Als Ausgangspunkt der Untersuchung soll betrachtet werden:

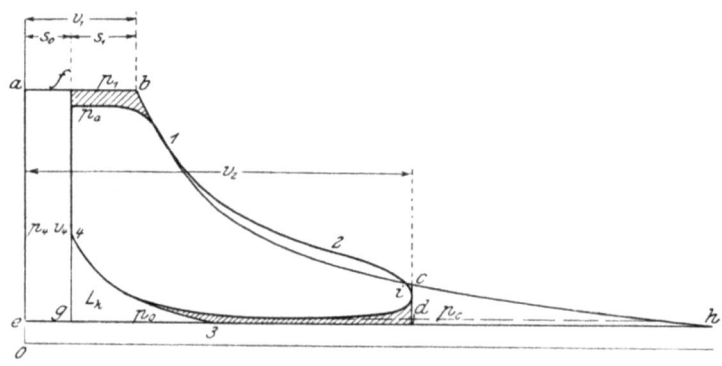

Abb. 47. Diagrammschema.

1) Der Vergleichsprozeß der »Normen für Leistungsversuche an Dampfkesseln und Dampfmaschinen« $a\,b\,c\,d\,e\,a$ in Abb. 47. Die Leistung in PS$_i$-Stunden von 1 kg Sattdampf wird mit den Bezeichnungen der Abb. 47

$$N_i^0 = \frac{p_1 v_1}{27} \left\{ 8,41 - \frac{7,41}{\varepsilon^{0,135}} - \varepsilon \frac{p_0}{p_1} \right\} \quad \ldots \ldots \quad (10),$$

worin:

$$\varepsilon = \frac{\text{Schädlicher Raum + Hubraum}}{\text{Schädlicher Raum + Füllungsraum}}$$

und der Exponent der Expansionskurve zu 1,135 angenommen ist.

Der Dampfverbrauch für diesen Prozeß in kg für 1 PS$_i$-st ist

$$D_i{}^0 = \frac{1}{N_i{}^0} \quad \ldots \ldots \ldots \ldots \quad (11).$$

2) Es soll eingeführt werden der Vergleichsprozeß $fbcdgf$, welcher noch den Verlust durch den schädlichen Raum enthält, nämlich die Volldruckarbeit

$$aegf = (p_1 - p_0) v_1 \frac{s_0}{s_0 + s_1}\,\text{mkg}$$

oder in PS-st mit 1 PS-st = 270000 mkg

$$N_s = \frac{(p_1 - p_0) v_1}{27} \frac{s_0}{s_0 + s_1} \quad \ldots \ldots \ldots \quad (12).$$

Zur Ausführung dieses Prozesses ist jedoch nicht das am Ende der Füllung im Zylinder vorhandene Kilogramm Dampf erforderlich, sondern das Gewicht

$$G_1 = 1 - \frac{s_0}{s_0 + s_1} \frac{\gamma_0}{\gamma_1}\,\text{kg},$$

worin der Ausdruck

$$\frac{s_0}{s_0 + s_1} \frac{\gamma_0}{\gamma_1} = g$$

das »Restdampfgewicht« darstellt.

Der Dampfverbrauch für 1 PS$_i$-st ist hiernach:

$$D_1{}^0 = \frac{1 - \dfrac{s_0}{s_0 + s_1} \dfrac{\gamma_0}{\gamma_1}}{N_i{}^0 - N_s} \quad \ldots \ldots \ldots \quad (13)$$

und der Gütegrad, bezogen auf den Prozeß der »Normen«,

$$\eta_{g1} = \frac{D_i{}^0}{D_1{}^0} \quad \ldots \ldots \ldots \ldots \quad (14).$$

3) Es trete nun bei gleichbleibender Leistung $N_i{}^0 - N_s$ eine Verschlechterung des Gütegrades vom Wert η_{g1} auf den Wert η_g ein, etwa infolge von Eintrittskondensation. Das »sichtbare Dampfgewicht« am Füllungsende, d. i. der in Dampfform im Zylinder befindliche Teil des Gesamtgewichtes G_2, ist natürlich wiederum 1 kg. Der spezifische Dampfverbrauch ergibt sich zu

$$\frac{G_2}{N_i{}^0 - N_s} = \frac{D_i{}^0}{\eta_g},$$

womit für ein gegebenes η_g das arbeitende Gewicht wird:

$$G_2 = \frac{D_i{}^0}{\eta_g}(N_i{}^0 - N_s) \quad \ldots \ldots \ldots \quad (15).$$

4) Nunmehr soll Kompression auf den Enddruck p_4 stattfinden, der Prozeß verläuft nach dem Linienzug $fbcd34f$. Dabei entsteht durch die Kompression ein Arbeitsverlust L_k, dargestellt durch Fläche $43g$, welcher in mkg für 1 kg arbeitenden Dampfes sich ausdrückt in

$$L_k = p_4 v_4 \left[\frac{1}{n-1} + \frac{p_0}{p_4} - \frac{n}{n-1}\left(\frac{p_0}{p_4}\right)^{\frac{n-1}{n}} \right],$$

worin n der Exponent der Kompressionspolytrope ist. Da das beteiligte Dampfgewicht $\dfrac{s_0}{s_0 + s_1}\dfrac{\gamma_4}{\gamma_1}$ kg, so wird die Kompressionsarbeit in PS-st:

$$N_k = \frac{p_4 v_4}{27}\left[\frac{1}{n-1} + \frac{p_0}{p_4} - \frac{n}{n-1}\left(\frac{p_0}{p_4}\right)^{\frac{n-1}{n}}\right]\frac{s_0}{s_0 + s_1}\frac{\gamma_4}{\gamma_1} \quad \ldots \quad (16).$$

Dem Verlust durch die aufgewendete Kompressionsarbeit steht eine Ersparnis insofern gegenüber, als das arbeitende Dampfgewicht geringer wird um den Betrag

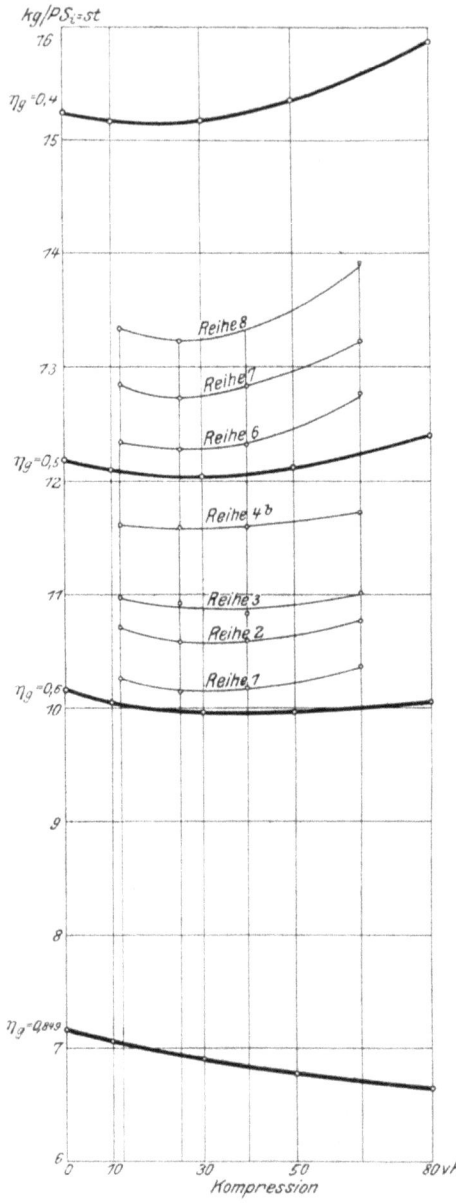

$$-\frac{s_0}{s_0+s_1}\frac{\gamma_4-\gamma_0}{\gamma_1}\text{ kg,}$$

also zu

$$G_k = G_2 - \frac{s_0}{s_0+s_1}\frac{\gamma_4-\gamma_0}{\gamma_1} \quad (17).$$

Damit wird der Dampfverbrauch

$$D_k = \frac{G_k}{N_i^0 - N_s - N_k} \quad (18).$$

Die Rechnung ist zahlenmäßig durchgeführt worden unter folgenden dem Versuch entsprechenden Verhältnissen:

$p_1 = 8{,}0$ at abs.,
$p_2 = 0{,}2$ at abs.,
$s_0 = 0{,}087$,
$s_1 = 0{,}15$.

η_{g1} ergab sich zu 0,851, für η_g wurden gewählt die Werte 0,6, 0,5, 0,4, für den Exponenten n der Kompressionspolytrope der Wert 1,3, wie er sich als ungefährer Mittelwert aus allen Versuchen ergibt. Die Ergebnisse der Rechnung bei 4 Kompressionsgraden sind in Abb. 48 und 49 dargestellt. In diese Abbildungen sind zum Vergleich auch die Werte einiger Versuchsreihen eingetragen worden. Bei Annahme des zum Vergleich heranzuziehenden Kompressionsgrades bei letzteren mußte berücksichtigt werden, daß dem eigentlichen Abschluß des Ventils eine mehr oder weniger lange Drosselperiode mit erheblichem Druckanstieg vorangeht. Es war also, um vergleichbare Kompressionsgrade zu erhalten, als Kompressionsbeginn derjenige Punkt des wirklichen Diagramms zu nehmen, bei welchem der Druckanstieg beginnt. So ergaben sich die Kompressionsgrade rd. 12, 25, 40, 65 vH.

Die große Aehnlichkeit der Versuchskurven mit den berechneten fällt sofort in die Augen. Der etwas stärkere Anstieg der ersteren beim größten Kompressionsgrad, insbesondere bei den Versuchen ohne Heizung, dürfte im wesentlichen den S. 30 erörterten Steuerungseinflüssen zuzuschreiben sein.

Allgemein ist zu erkennen, daß sich der Verlauf der Kurve, welche bei unveränderlicher Füllung den

Abb. 48 und 49.
Ergebnisse der rechnerischen Ermittlung des Dampfverbrauches bei verschiedenen Gütegraden in Abhängigkeit von der Kompression und Vergleich derselben mit den Versuchswerten.

Dampfverbrauch in Abhängigkeit vom Kompressionsgrad darstellt, abhängig ist vom Gütegrad der Maschine, in der Weise, daß mit sinkendem Gütegrad der günstigste Kompressionsgrad kleiner wird. Hoher Kompressionsgrad erscheint günstig bei Maschinen mit hohem Gütegrad; er wird um so ungünstiger, je geringer der Gütegrad der Maschine wird[1]).

Die Voraussetzungen, auf welche die obige Rechnung sich gründet, sollen nochmals kurz berührt werden. Sie beruhen in der Hauptsache auf der für die vorliegende Maschine durch die Versuche mit Annäherung bestätigten Annahme, daß der Verlust durch den schädlichen Raum wesentlich den Einfluß der Kompression auf den Dampfverbrauch bedingt. Vernachlässigt ist der Einfluß der Wärmebewegung des Kompressionsdampfes auf die Gestalt der Kompressionskurve, es ist lediglich der aus den Versuchen gewonnene angenäherte Mittelwert 1,3 des Exponenten sämtlicher Kompressionskurven zugrunde gelegt, wobei hinsichtlich der Bestimmung des Exponenten das in diesem Abschnitt unter b Gesagte zu beachten ist. Endlich sind die Einflüsse, welche die Steuerung auf den Kompressionsvorgang äußert, vernachlässigt.

e) Einfluß der zusätzlichen Oberflächen auf den Dampfverbrauch und die Verluste der Sattdampfmaschine.

Die Vergrößerung der Oberflächen wirkt naturgemäß im wesentlichen auf den Verlust durch Wärmeaustausch, im untergeordnetem Maße auch auf den Steuerungsverlust infolge Zunahme der arbeitenden Dampfmenge mit der Fläche.

Der Verlust durch unvollständige Expansion wird auch hier nicht beeinflußt, sofern unter demselben das von der Linie gleichbleibenden Volumens v_2, Abb. 47, von der adiabatischen Expansionslinie und von der Linie des Gegendruckes begrenzte Flächenstück cdh verstanden ist. Das Nachverdampfen erscheint hier lediglich als rückgewonnene Arbeit und hat mit den Vergleichsprozessen nichts zu tun[2]).

Zahlentafel 2 zeigt, daß die mittlere Wandtiefe der eingebauten zusätzlichen Eisengewichte einen für alle Abstufungen annähernd gleichen Wert von rd. 0,6 mm besitzt. Hiernach schon ließ sich erwarten, daß die Wirkung der einzelnen Flächenabstufungen auf den Dampfverbrauch und auf die während der Einströmzeit von Dampf an die Wand übergehende Wärmemenge den Flächen proportional sei, wie im vorigen Abschnitt mit der durch die Versuche erreichbaren Genauigkeit festgestellt worden ist. Um hinsichtlich des Dampfverbrauches die Wirkung der künstlichen Flächen mit der Wirkung der ursprünglich vorhandenen Fläche I zu vergleichen, soll der Dampfverbrauch bei der schädlichen Fläche 0, also bei Abwesenheit von Eintrittskondensation unter Zugrundelegung des wirklichen Diagramms berechnet werden als das Verhältnis $\frac{G_i}{N_i}$, worin

---

[1]) An derselben Dampfmaschine hat bereits Braun im Jahre 1903 Versuche über den Einfluß des schädlichen Raumes und der Kompression durchgeführt und ist dabei hinsichtlich der Uebereinstimmung von Rechnung und Versuch zu ähnlichen Ergebnissen gelangt.

[2]) Heilmann weist (Z. d. V. d. I. 1906 S. 319) darauf hin, daß diese Anschauung in besonderen Fällen (hoher Gegendruck, kleine Füllung) infolge Schleifenbildung beim Vergleichsprozeß zu unrichtigen Vergleichsergebnissen führt. Einführung des Expansionsenddruckes als Ausgangspunkt für die Adiabate erscheint jedoch in vielen Fällen mit ähnlichen Nachteilen verknüpft, insbesondere könnte der Vergleichsprozeß unter sonst gleichen Verhältnissen durch Unvollkommenheiten der Maschine, wie Undichtheiten der Einlaßventile oder starkes Nachverdampfen infolge zu großer, schädlicher Flächen erheblich beeinflußt werden. Aus diesem Grunde ist hier an der den Normen zugrunde liegenden Anschauung festgehalten worden.

$$G_i = 2 n 60 \left(\frac{FH(s_0 + s_1)}{v_1} - g\right) \quad \ldots \quad \ldots \quad (19)$$

die stündliche »sichtbare Dampfmenge«, FH der Hubraum, s_0 und s_1 schädlicher Raum und Füllungsraum in vH des Hubraumes, v_1 das spezifische Dampfvolumen bei Ventilabschluß, N_i die indizierte Leistung ist[1]). Als Mittelwert der 4 Flächen ergibt sich für die Versuche mit dem gemessenen wirtschaftlichsten Kompressionsgrad von rd. 12 vH 6,17 kg/PS$_i$-st bei Betrieb mit Heizung, 6,21 kg/PS$_i$-st bei Betrieb ohne Heizung. Diese Zahlen sind unter Berücksichtigung der zugehörigen Flächen mit den durch den Versuch gewonnenen zu vergleichen. Dasselbe Verfahren ist auch auf die Wärmemengen Q_{i1} anzuwenden. Es erschien richtiger, zum Ausgleich der unvermeidlichen Unregelmäßigkeiten der Versuche der Beurteilung nicht die gemessenen Versuchswerte zugrunde zu legen, sondern die Werte zu wählen, welche sich aus den in Abb. 28, 30 und 31 eingezeichneten mittleren Linien ergaben. Zahlentafel 7 enthält die so ermittelten Werte.

Zahlentafel 7.
Vergleich der Wirksamkeit der schädlichen Oberflächen.

1	gesamte schädliche Oberfläche $f + 0.35 f_1$. qm		0	I = 0,4483	IV = 0,8336
2	Dampfverbrauch für 1 PS$_i$-st aus Abb. 25	mit Heizung kg	6,17	10,19	11,26
		ohne » »	6,21	11,83	13,18
3	Q_{i1} für 1 Hub aus Abb. 30 und 31	mit Heizung WE	0	6,32	9,16
		ohne » »	0	10,92	14,29
4	hinzukommende Oberfläche . . . . . . qm			0 bis I = 0,4483	I bis IV = 0,3853
5	absolute Zunahme des Dampfverbrauches für PS$_i$-st	mit Heizung kg		4,02	1,07
		ohne » »		5,62	1,35
6	Zunahme des Dampfverbrauches für 1 PS$_i$-st für 1 qm hinzukommende Oberfläche	mit Heizung »		8,97	2,78
		ohne » »		12,54	3,50
7	absolute Zunahme von Q_{i1} für 1 Hub	mit Heizung WE		6,32	2,84
		ohne » »		10,92	3,37
8	Zunahme von Q_{i1} für 1 Hub und 1 qm hinzukommender Oberfläche	mit Heizung »		14,10	7,37
		ohne » »		24,36	8,75

Das Verhältnis der Wirksamkeit der ursprünglichen Fläche I und der hinzugekommenen Fläche (IV—I) ergibt sich

hinsichtlich Dampfverbrauch
- mit Heizung zu $\frac{8,97}{2,78} = 3,23$
- ohne Heizung zu $\frac{12,54}{3,50} = 3,58$

hinsichtlich Eintrittskondensation
- mit Heizung zu $\frac{14,09}{7,37} = 1,91$
- ohne Heizung zu $\frac{24,36}{8,74} = 2,79$

Wird berücksichtigt, daß etwa vorhandene Undichtheiten die Wirkung der ursprünglichen Fläche zu hoch erscheinen lassen, so läßt sich mit Annäherung aussprechen, daß das Verhältnis der Wirkung der zusätzlichen Flächen zur Wirkung der ursprünglichen in Hinsicht auf den Dampfverbrauch zu rd. $^1/_3$, in

---

[1]) Streng genommen erscheint der so berechnete »indizierte Dampfverbrauch« etwas zu klein, weil der Wert N_i noch den Arbeitswiedergewinn durch Nachverdampfen enthält, welcher bei Wegfall der Eintrittskondensation ebenfalls verschwinden würde.

Hinsicht auf die Eintrittskondensation zu rd. $^1/_2$ angenommen werden kann. Der Einfluß der zusätzlichen Flächen auf den Dampfverbrauch, welcher alle Verluste zusammenfaßt, ist naturgemäß geringer als ihre Wirkung auf die Eintrittskondensation, das ist den Einzelverlust, den die Flächen allein bestimmen. Der Umstand, daß bei Betrieb mit Heizung die Wirkung der zusätzlichen Flächen, verglichen mit der Wirkung der ursprünglichen, größer ist als bei Betrieb ohne Heizung, erklärt sich daraus, daß die letzteren bei den größeren Temperaturschwankungen der Wandoberfläche, wie sie bei Betrieb ohne Heizung auftreten, eine größere Wärmemenge auszutauschen vermögen als bei Betrieb mit Heizung, weil bei wachsender Schwingungsweite der Oberflächentemperatur auch die Eindringungstiefe der Wärmewellen in das Eisen wächst. Nicht in demselben Maße wächst aber die Wärmeaufnahmefähigkeit der zusätzlichen Flächen beim Uebergang vom Betrieb mit Heizung auf den Betrieb ohne Heizung. Einmal ist bei der mittleren Wandtiefe von 0,6 mm die Eindringungstiefe der Wärmewellen beschränkt im Gegensatz zu den normalen Wandstärken der ursprünglichen Wände, welche der Wärmeschwingung ungehinderte Ausbildung gestatten[1]). Sodann ist noch zu beachten, daß im vorliegenden Fall die künstlich eingebauten Flächen, weil zum größten Teil von der Wand unabhängig, der Wirkung der Heizung nicht in dem Maße ausgesetzt sind, wie diejenigen Wände, welche unmittelbar vom Heizdampf berührt sind (s. u.).

Unmittelbar aus den Versuchen kann die Wärmeaufnahme des von der Wand unabhängigen Eisengewichtes entnommen und damit die Erhöhung seiner mittleren Temperatur berechnet werden. Der Unterschied des eingebauten freien Eisengewichtes zwischen den Flächen I und IV beträgt nach Zahlentafel 2 auf Boden- und Deckelseite $1,920 + 1,791 - 0,256 = 3,455$ kg.

Dieses Eisengewicht nimmt nach Zahlentafel 7 bei Betrieb mit Heizung für 1 Umdrehung eine Wärmemenge von $2 \cdot 2,84 = 5,68$ WE, bei Betrieb ohne Heizung von $2 \cdot 3,37 = 6,74$ WE auf. Mit $c = 0,115$ als spezifischer Wärme des Eisens ergibt sich die Schwankung der mittleren Temperatur der betrachteten Eisenmassen bei Betrieb

$$\text{mit Heizung zu } \frac{5,68}{3,455 \cdot 0,115} = 14,3^\circ \text{ C},$$

$$\text{ohne Heizung zu } \frac{6,74}{3,455 \cdot 0,115} = 17,0^\circ \text{ C}.$$

Die Dampftemperatur schwankte dabei zwischen den Grenzen von rd. 170° (8,1 at abs.) und rd. 54° (0,15 at abs.). Der Einfluß, den die Heizung auf den Wärmeaustausch der von den Wänden unabhängigen Eisenmassen übt (Ventile u. a.), tritt hiernach zurück gegenüber der Wirkung der Heizung auf die vom Heizdampf berührten Flächen.

Der erstgenannte Einfluß drückt sich aus als das Verhältnis der auf die zusätzlichen Flächen bei Betrieb mit Heizung zu den bei Betrieb ohne Heizung übertragenen Wärmemengen. Dieses Verhältnis ergibt sich nach Zahlentafel 7 zu

$$\frac{2,84}{3,37} = 0,84,$$

---

[1]) Hinsichtlich des Verlaufs der Wärmeschwingungen in Zylinderwänden bei nicht begrenzter Eindringungstiefe sei neben den bekannten analytischen Arbeiten von Kirsch (Z. d. V. d. I. 1891 S. 362) verwiesen auf die Versuche von Callendar und Nicholson (A. Bantlin, Z. d. V. d. I. 1899 S. 774 u. f.), A. L. Mellanby, Engineering 1905 II S. 227, Hanssel, Mitt. über Forschungsarbeiten Heft 101.

Durch Messung und Rechnung ermittelten Callendar und Nicholson a. a. O., daß sich bei einer Schwingungsweite der Oberflächentemperatur von rd. $5,6^\circ$ C die Teilnahme des Eisens der Wand am Wärmeaustausch auf rd. 8 mm Wandtiefe erstreckt.

anderseits wird dasselbe Verhältnis für die ursprünglichen Flächen

$$\frac{6,32}{10,92} = 0,58.$$

Hierbei bleibt zu berücksichtigen, daß auch die ursprünglichen Flächen zum Teil aus »unabhängigen Flächen« bestehen, wie z. B. diejenigen der Steuerungsventile und im vorliegenden Falle auch die auf der Deckelseite zum Ausgleich der schädlichen Fläche auf beiden Zylinderseiten zugefügte gelochte Platte von 2 mm Stärke, Abb. 14.

f) Trennung der Verluste.

Zur Darstellung der Einzelverluste sollen die Wirkungsgrade bei gleicher Kompression und verschiedenen Flächen in Hinsicht auf die im Folgenden aufgeführten Vergleichsprozesse ermittelt werden.

1) Der Clausius-Rankinesche Prozeß, in Abb. 47 dargestellt durch den Linienzug $a\,b\,h\,e\,a$. Die Arbeit in PS$_i$-st-kg Dampf ergibt sich bei diesem Prozeß für Sattdampf zu

$$N_{th} = \frac{p_1 v_1}{27} \frac{1,135}{0,135} \left[1 - \left(\frac{p_0}{p_1}\right)^{\frac{0,135}{1,135}} \right],$$

der Dampfverbrauch für 1 PS$_i$ und Stunde

$$D_{th} = \frac{1}{N_{th}}$$

und der thermodynamische Wirkungsgrad

$$\eta_{th} = \frac{D_{th}}{D_i}$$

mit D_i als gemessenem Dampfverbrauch für 1 PS$_i$-st.

In einfacherer Weise kann η_{th} unter Verwendung der Mollierschen Dampftabelle bestimmt werden aus

$$\eta_{th} = \frac{632}{H_0 D_i} \quad \ldots \ldots \ldots \ldots (20),$$

worin H_0 in WE/kg das adiabatische Wärmegefälle zwischen den Druckgrenzen des Prozesses bedeutet und unmittelbar aus der Mollierschen Zahlentafel abgegriffen werden kann. Die Zahl 632 ist der Wärmewert von 1 PS-st. Der Bruch $\frac{632}{H_0} = D_{th}$ der theoretische Dampfverbrauch.

Der Vergleichsprozeß von Clausius-Rankine enthält keinen der oben unter c aufgeführten Energieverluste im Dampfmaschinenprozeß.

Den Verlust durch unvollständige Expansion enthält

2) der schon unter d) erwähnte Vergleichsprozeß der »Normen«, dessen Wirkungsgrad wird

$$\eta_g = \frac{D_i^0}{D_i} \quad \ldots \ldots \ldots \ldots (21),$$

worin D_i^0 sich aus Gl. (10) und (11) ergibt.

3) Zur Abtrennung des Verlustes durch den schädlichen Raum ist ein dritter Vergleichsprozeß herangezogen, welcher durch den Linienzug $f\,b\,c\,d\,3\,4\,f$ in Abb. 47 dargestellt ist. Das arbeitende Dampfgewicht wird, wenn wiederum das am Ende der Füllung im Zylinder befindliche Dampfgewicht $G + g = 1$ kg ist,

$$G = 1 - \frac{s_0}{s_0 + s_1} \frac{\gamma_4}{\gamma_1}$$

und die Leistung dieses Dampfgewichts in PS$_i$-st

$$N_2 = N_i{}^0 - N_s - N_k,$$

wobei $N_i{}^0$, N_s und N_k sich aus den Gl. (10), (12) und (16) ergeben. Damit wird der Dampfverbrauch für 1 PS$_i$-st für diesen Prozeß

$$D_2{}^0 = \frac{1 - \frac{s_0}{s_0 + s_1} \frac{\gamma_4}{\gamma_1}}{N_i{}^0 - N_s - N_k} \quad \ldots \quad (22)$$

und der Gütegrad

$$\eta_{g_2} = \frac{D_2{}^0}{D_i} \quad \ldots \quad (23).$$

Der Gütegrad η_{g_2} bringt die Verluste durch Eintrittskondensation und Drosselung und außerdem den Arbeitswiedergewinn durch Nachverdampfen zum Ausdruck.

4) Nunmehr kann der Arbeitsbetrag: Nachverdampfen minus Drosselung noch dadurch abgetrennt werden, daß man, unter Zugrundelegung des Vergleichsprozesses 3, die Eintrittskondensation, d. i. den Arbeitswert der am Ende der Füllung aus dem Prozeß ausgeschiedenen Dampfmenge, als einzigen Verlust betrachtet. Damit ergibt sich, wenn man mit H das im Heizmantel niedergeschlagene Dampfgewicht bezeichnet, ein Güteverhältnis

$$\eta_x = \frac{x_1(G + g) - g}{G + H} \quad \ldots \quad (24),$$

dessen Unterschied von η_{g_2} durch den Verlust durch Drosselung und den Arbeitswiedergewinn durch Nachverdampfen bedingt ist.

Bei Prozeß 3 mußte für die Berechnung der Arbeit N_k nach Gl. (16) der dem wirklichen Vorgang entsprechende Exponent der Kompressionskurve, wie er sich aus Zahlentafel 5 ergibt, gewählt werden, um die soeben unter 4 genannten Arbeitsbeträge zu erhalten.

Eine gewisse Unsicherheit bei Anwendung der Vergleichsprozesse liegt in der Bestimmung der Füllung s_1. Die Rückwärtsverlängerung der Expansionslinie mittels der Mariotteschen Linie von einem Punkte aus, der sicher der Expansionslinie angehört, wird nicht selten Ungenauigkeiten ergeben, die insbesondere in der Veränderlichkeit des Exponenten im Verlauf der Expansion ihre Ursache haben. Eine jedesmalige Bestimmung des Werts, den der Exponent zu Beginn des Expansionsvorganges hat, erschien jedoch zu ungenau und unsicher; es ist deshalb auch im vorliegenden Falle der Füllungsgrad s_1 durch Rückwärtsverlängerung der Expansionslinie mittels des Gesetzes der gleichseitigen Hyperbel, ausgehend von dem durch das Ventilerhebungsdiagramm angezeigten Füllungsende, bestimmt worden.

Die Abb. 50 und 51 geben die auf Grund der Prozesse 1 bis 4 ermittelten Wirkungsgrade für die Versuche mit und ohne Heizung, beim Kompressionsgrad rd. 12 vH in Abhängigkeit von den Oberflächen. Wie zu erwarten war, nehmen die Wirkungsgrade linear mit der Flächenzunahme ab. Die Werte der mit Fläche I angestellten Versuche werden aus wiederholt angeführten Gründen höher.

Als Druckgrenzen der Prozesse sind gemäß den »Normen« angenommen der Druck vor dem Absperrventil und der Druck im Auspuffrohr. Für den Clausius-Rankine-Prozeß sind außerdem, in den gestrichelten Linien die Wirkungsgrade, bezogen auf den größten und kleinsten Druck (p_a und p_c) im Zylinder eingetragen aus folgendem Grunde: Infolge der starken periodischen Druck-

— 40 —

schwankungen im Auspuffrohr während einer Umdrehung sinkt der Druck im Zylinder nicht selten unter den gemessenen mittleren Druck im Auspuffrohr; insbesondere bei sehr niedrigem Gegendruck und kleiner Dampfmenge im Zylinder. Es kann daher das Wärmegefälle, bezogen auf die Drücke im Zylinder, größer werden als das Gefälle zwischen den äußeren Drücken, und sonach der Wirkungsgrad, bezogen auf die Zylinderdrücke, kleiner als bei Annahme der Außendrücke als Druckgrenzen. Unter den vorliegenden Verhält-

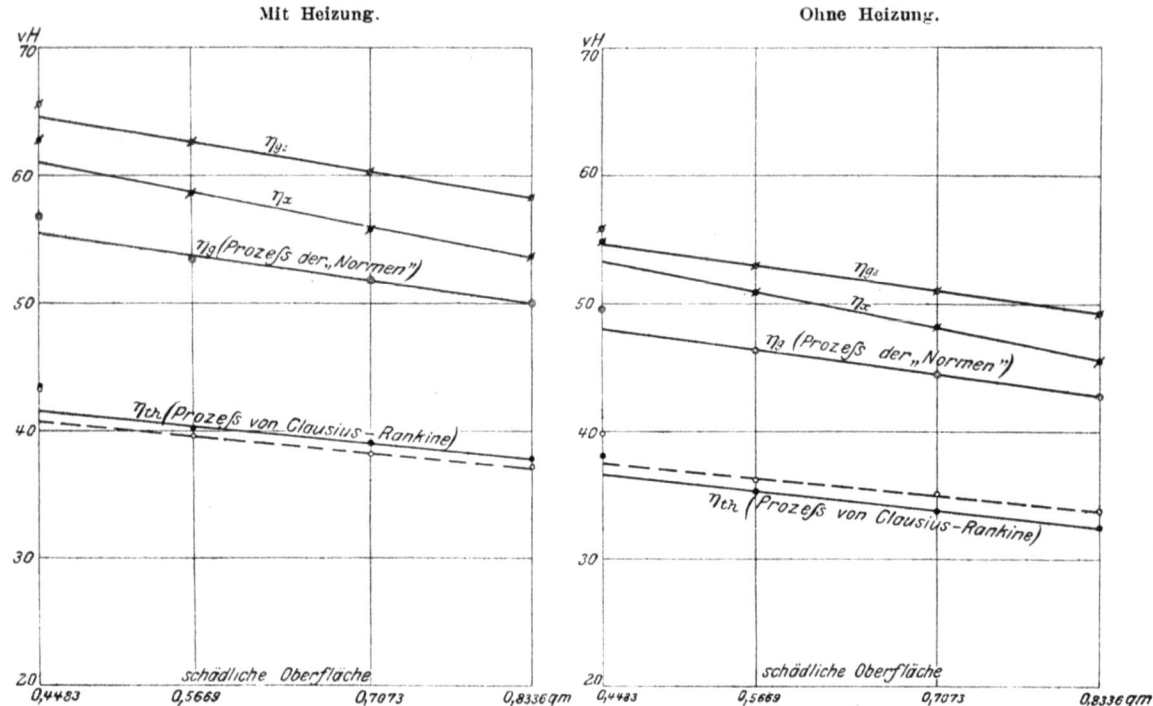

Abb. 50 und 51. Wirkungsgrade, bezogen auf verschiedene Vergleichsprozesse beim Kompressionsgrad von rd. 12 vH, in Abhängigkeit von den schädlichen Oberflächen.

nissen ist dies der Fall, wie Abb. 50 zeigt, bei den Versuchen mit Heizung. Die Heranziehung des kleinsten Druckes p_c im Zylinder zur Bestimmung des Gütegrades, wie sie häufig in Ermangelung der Kenntnis des Gegendrucks im Auspuffrohr erfolgt, dürfte daher in manchen Fällen, insbesondere bei Kondensationsbetrieb mit hohem Vakuum, zu falscher Beurteilung führen.

Der Umstand, daß der Wirkungsgrad η_{g_1} erheblich größer ist als der Wirkungsgrad η_x, läßt schon erkennen, daß der Wiedergewinn durch Nachverdampfen während der Expansion den Drosselungsverlust während der Ein- und Ausströmung erheblich überwiegt.

In einfacher Weise lassen sich nun aus diesen verschiedenen Wirkungsgraden die Einzelverluste ermitteln. Bezeichnet $H_i = \frac{632}{D_i}$ in WE die für 1 kg arbeitenden Dampfes in indizierte Arbeit umgesetzte Energie, ferner H_0, H_g, H_{g_1}, H_x in WE/kg die in den verschiedenen Vergleichsprozessen umgesetzte Arbeit, so drücken sich die oben bestimmten Wirkungsgrade wie folgt aus:

$$\eta_{th} = \frac{H_i}{H_0}, \quad \eta_g = \frac{H_i}{H_g}, \quad \eta_{g_1} = \frac{H_i}{H_{g_1}}, \quad \eta_x = \frac{H_x}{H_{g_1}},$$

damit folgt
$$H_g = \frac{\eta_{th}}{\eta_g} H_0, \quad H_{g_1} = \frac{\eta_{th}}{\eta_{g_1}} H_0, \quad H_x = \frac{\eta_x}{\eta_{g_1}} H_i \quad \ldots \ldots (25),$$

In Abb. 52 und 53 sind in Abhängigkeit von den Oberflächen die Beträge H_o, H_g, H_{g2} und H_x, ferner das Wärmegefälle H_e zwischen dem Drucke vor dem Absperrventil und dem Kondensatordruck in vH des Wärmewerts H_o aufgetragen. Es ergibt sich dann, je in vH des Wärmegefälles H_o, in

$H_e - H_o$ der Verlust in der Leitung zwischen Zylinder und Kondensator
$H_o - H_g$ » » an Diagrammfläche durch unvollständige Expansion
$H_g - H_{g2}$ » » » » » den schädlichen Raum
$H_{g2} - H_i$ » » durch Undichtheiten und der Steuerungsverlust
$H_{g2} - H_x$ die Eintrittskondensation, einschließlich Undichtheiten und Steuerungsverlust
$H_i - H_x$ der Arbeitswiedergewinn durch Nachverdampfen abzüglich Drosselungsverlust.

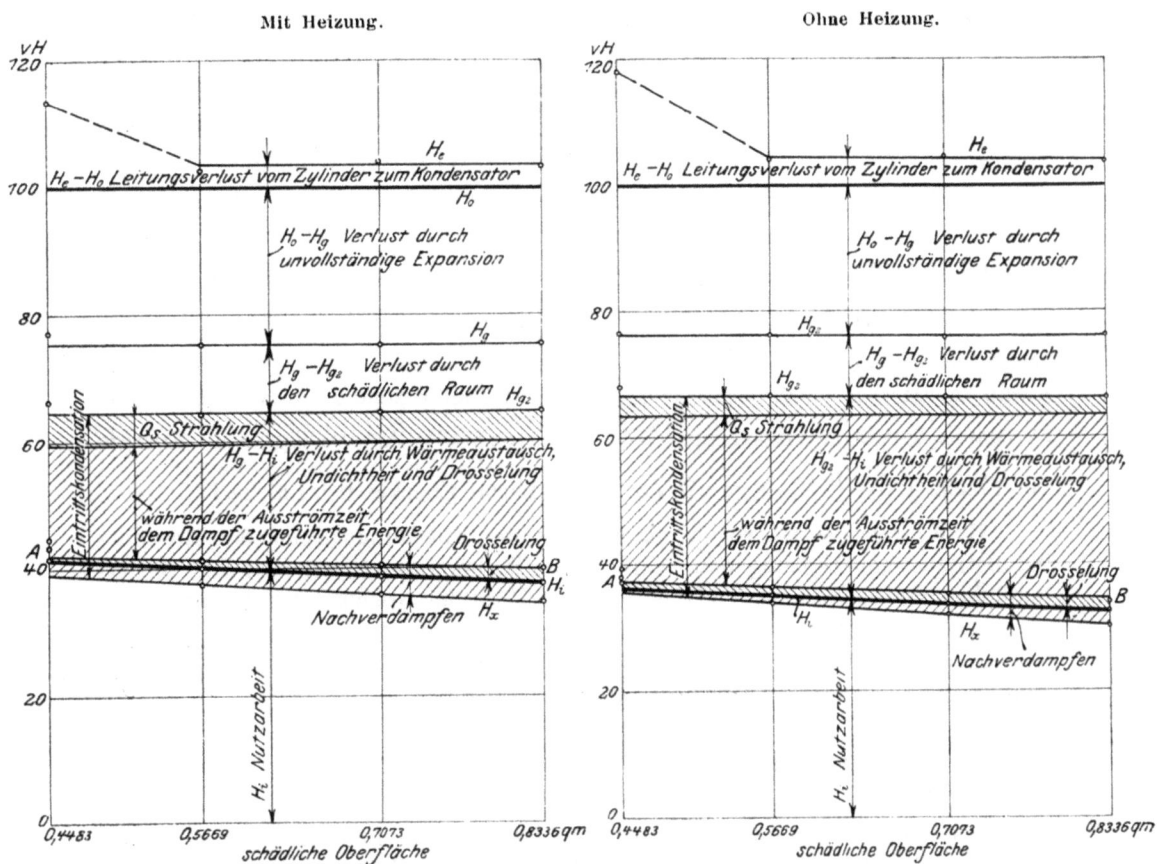

Abb. 52 und 53. Verluste bei gleicher Kompression in Abhängigkeit der schädlichen Flächen.

Schließlich ist die durch Nachverdampfen rückgewonnene Arbeit 12 i 1, Abb. 47, unmittelbar durch Planimetrieren bestimmt worden. Wird der Wärmewert derselben von den H_x-Werten an aufgetragen, so entsteht eine Linie AB, Abb. 52 und 53, deren Abstände von der H_i-Linie den Wärmewert des Drosselungsverlustes ergeben.

Auch die Strahlung Q_s, als Teilbetrag des Wärmeaustausches kann abgetrennt werden. Nach Zahlentafel 7 beträgt für die Versuche ohne Heizung die Eintrittskondensation bei Fläche I 10,92 WE/Hub, bei Fläche IV 14,29 WE/Hub. Die Strahlung ergab sich im Mittel, allerdings bei erheblichen Schwankungen der Einzelwerte, zu 1,11 WE/Hub, d. i. $\frac{1,11}{10,92} \cdot 100 = 10,2$ vH der Eintrittskondensation bei Fläche I und zu $\frac{1,11}{14,29} \cdot 100 = 7,8$ vH der Eintrittskondensation bei Fläche IV.

Nach Abb. 53 beträgt der Verlust durch Eintrittskondensation in vH der verfügbaren Energie 30,8 bei Fläche I, rd. 36 bei Fläche IV; damit wird der Strahlungsverlust bei Fläche I $\frac{30,8 \times 10,2}{100} = 3,14$ vH und bei Fläche IV rd. $\frac{36 \cdot 7,8}{100} = 2,8$ vH der verfügbaren Energie.

Bei der Bestimmung des prozentualen Strahlungsverlustes für den Betrieb mit Heizung ist auch die im Mantel niedergeschlagene Dampfmenge der eigentlichen Eintrittskondensation zuzuschlagen. Sie beträgt im Mittel aus den hier in Betracht gezogenen Versuchen beim 2. Kompressionsgrad (Nr. 3, 27, 23, 10):

$$\frac{51,99 + 49,66 + 49,45 + 48,91}{4} = 50,0 \text{ kg/st}$$

und für 1 Hub $\frac{50,0}{2 \cdot 60 \cdot 92,7} = 4,5$ g, entsprechend einer abgegebenen Wärmemenge von rd. 2,2 WE/Hub. Damit beträgt, mit Zuhilfenahme von Zahlentafel 4, die gesamte, durch Kondensation an die Wände übergeführte Wärme bei Fläche I $6,32 + 2,2 = 8,52$ WE/Hub, bei Fläche IV $9,16 + 2,2 = 11,36$ WE/Hub. Der Strahlungsverlust beträgt im Mittel 1,74 WE/Hub, d. i. $\frac{1,74}{8,52} \cdot 100 = 20,4$ vH der Eintrittskondensation bei Fläche I und $\frac{1,74}{11,36} \cdot 100 = 15,3$ vH der Eintrittskondensation bei Fläche IV. Nach Abb. 52 beträgt der Verlust durch Eintrittskondensation in vH der verfügbaren Energie 25,4 vH bei Fläche I, 30 vH bei Fläche IV, damit der Strahlungsverlust $\frac{25,4 \cdot 20,4}{100} = 5,18$ vH der verfügbaren Energie bei Fläche I, $\frac{30 \cdot 15,3}{100} = 4,59$ vH der verfügbaren Energie bei Fläche IV.

Es erlangt also im vorliegenden Falle der Strahlungsverlust der Maschine bei Betrieb ohne Heizung den Wert rd. 3 vH, bei Betrieb mit Heizung den erheblichen Betrag von rd. 5 vH der an der Maschine verfügbaren Energie.

Endlich erscheint noch in den Abb. 52 und 53 die dem Dampf während der Ausströmzeit zugeführte Energie in vH der Gesamtenergie als Unterschied: Eintrittskondensation — (Nachverdampfen + Strahlung).

g) Koeffizient des Wärmeüberganges vom Dampf an die Zylinderwand.

Als solcher wird bezeichnet die Zahl von Wärmeeinheiten, welche in der Zeiteinheit bei 1°C Temperaturunterschied auf 1 qm Fläche vom Dampf an die Wand übergeht.

Wärmeübergang vom Dampf an die Wand findet nun so lange statt, als die Temperatur des Dampfes höher ist als die der Wand. In Abb. 54 ist beispielsweise der Verlauf der Dampftemperatur während des Einströmens in Abhängigkeit von der Zeit für den Versuch 20 eingezeichnet, ebenso der Verlauf der Oberflächentemperatur als Sinusschwingung um die mittlere Wandtemperatur mit dem Schwingungsausschlag 13°[1]). Der Wärmeübergang zu irgend einem Zeitpunkte während des Einlasses kann dem zu diesem Zeitpunkte herrschen-

---

[1]) Vergl. Fußbemerkung 2 S. 26.

den Temperaturunterschied zwischen Dampf und Wand proportional gesetzt werden. Mit dieser Annahme wird der Wärmeübergang während der gesamten Einlaßzeit proportional der von den Kurven der Dampftemperatur und der Ober-

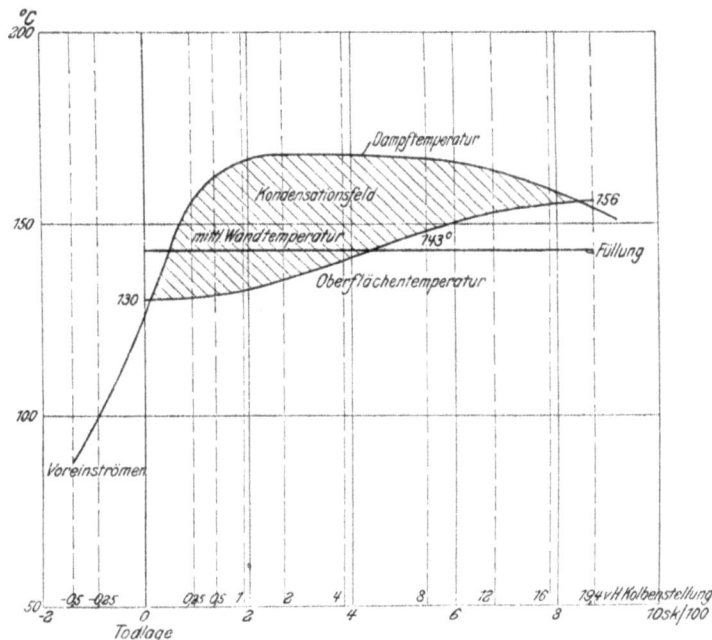

Abb. 54. Zeitlicher Verlauf der Temperaturen des Dampfes und der Wandoberfläche.

flächentemperatur eingeschlossenen Fläche — des Kondensationsfeldes [1]) — von der Dimension Temperaturgrade Zeitsekunden ($t \cdot z$). Für die Größe des Kondensationsfeldes zeigten sich für die verschiedenen Flächen bei gleicher Betriebsart erhebliche Abweichungen nicht. Als Mittelwert ergab sich:

für die Versuche mit Heizung $t \cdot z = 1{,}06$ Grad · sk,
» » » ohne » $t \cdot z = 1{,}74$ »

Damit wird der Wärmeübergangs-Koeffizient

$$k = \frac{Q_{41}}{(f + 0{,}35 f_1) t \cdot z} \qquad \ldots \qquad (26).$$

In Zahlentafel 8 sind die zur Berechnung der Wärmeübergangszahlen k notwendigen Werte und diese selbst für die Flächen I und IV zusammengestellt.

Zahlentafel 8. Wärmeübergangszahlen k.

schädliche Oberfläche $f + 0{,}35 f_1$ qm	Wärmemenge Q_{41} WE für 1 Hub		Kondensationsfläche $t \cdot z$ Gradsekunden		$k = \dfrac{Q_{41}}{(f + 0{,}35 f_1) t \cdot z}$	
	mit Heizung	ohne Heizung	mit Heizung	ohne Heizung	mit Heizung	ohne Heizung
I = 0,4483	6,3	10,9	1,06	1,74	13,26	13,97
VI = 0,8336	9,2	14,3	1,06	1,74	11,04	9,86

---

[1]) Vergl. den Bericht von A. Bantlin, Der Wärmeaustausch zwischen Dampf und Zylinderwandungen nach neueren Versuchen, Z. d. V. d. I. 1899 S. 774, 807, 867. Der üblich gewordene Ausdruck »Kondensationsfeld« für die inredestehende Fläche (vergl. Schüle, Zur Dynamik der Dampfströmung in der Kolbendampfmaschine, Z. d. V. d. I. 1906 S. 1988; Hanßel, Versuche an einer Dreifach-Expansions-Dampfmaschine, Mitt. über Forschungsarbeiten Heft 101 S. 6) ist in dieser Arbeit erstmalig verwendet.

Die gemessenen mittleren Wandtemperaturen, welche die Grundlage für die Verzeichnung der Kurve der Oberflächentemperaturen bilden, gelten natürlich nur für die eigentlichen Zylinder- und Deckelwände und nicht für die zusätzlichen Flächen, auch der Verlauf der Oberflächentemperaturen bei letzteren ist unbekannt. Es läßt sich nur aussprechen, daß bei den künstlichen Flächen die Oberflächentemperatur rascher ansteigen, also die Kondensationsfläche kleiner als bei Flächen normaler Wandstärke werden wird. Es darf also, streng genommen, nur die Fläche I für Bestimmung der Uebergangszahl herangezogen werden. Bei Fläche IV macht sich der Einfluß der zusätzlichen Flächen in einer Verkleinerung der Uebergangszahl geltend.

In dem in der Fußbemerkung 2) Seite 26 angezogenen Aufsatz ist die Uebergangszahl zwar mit denselben Grundlagen hinsichtlich der mittleren Wandtemperatur und des Verlaufes der Oberflächentemperatur, jedoch auf anderem Wege, unter Heranziehung des Strömungskoeffizienten des Einlaßventiles ermittelt worden. Er ergab sich zu 13 bei 5,2 vH schädlichen Raum und etwas kleinerer Fläche als Oberfläche I und zu 11 bei 8,7 vH schädlichem Raum und Oberfläche III. Die Uebereinstimmung mit den jetzigen Ergebnissen darf in Anbetracht der bestehenden Unsicherheit der Ermittlung als befriedigend gelten.

Werden nach dem Gesagten der Berechnung des Mittelwertes der Uebergangszahl nur die bei den ursprünglichen Oberflächen gefundenen Zahlen zugrunde gelegt, so ergibt sich der Wert:

$$\frac{13{,}26 + 13{,}97}{2} = \text{rd. } 13{,}6 \text{ WE/sk für } 1^\circ\text{C und } 1 \text{ qm oder}$$

$$13{,}6 \cdot 3600 = \text{rd. } 49000 \text{ WE/st für } 1^\circ\text{C und } 1 \text{ qm.}$$

Es erscheint zweckmäßig, die Voraussetzungen und Annahmen, welche der Ermittlung dieser Zahl zugrunde liegen, nochmals hervorzuheben. Es sind dies:

1) Nichtvorhandensein von Undichtheiten der Ventile und des Kolbens,
2) trockne Sättigung des Einlaßdampfes,
3) zeitlicher Verlauf der Oberflächentemperatur der Wand als sinusförmige Schwingung um die Mitteltemperatur, derart, daß die Scheitelpunkte der Kurve in der Nähe des Totpunktes und des Endes der Einlaßzeit liegen[1]),
4) Proportionalität des Wärmeüberganges mit dem Temperaturunterschied zwischen Dampf und Wandoberfläche in jedem Augenblicke des Vorganges.

Mit Berücksichtigung aller Verhältnisse darf ausgesprochen werden, daß der Koeffizient des Wärmeüberganges von Sattdampf an die Zylinderwand Werte von der Größenordnung 40000 WE/st erreichen kann. Der Grund für die Höhe dieses Wertes dürfte darin zu suchen sein, daß sich der Dampf während der Einlaßzeit in sehr heftiger, den Wärmeübergang begünstigender Bewegung befindet. Daß der in der Literatur angegebene Mittelwert von 10000 in vielen Fällen erheblich überschritten werden kann, ist auch sonst schon festgestellt worden[2]).

Zusammenfassung.

1) Die Linie, welche den gemessenen Dampfverbrauch in Abhängigkeit vom Kompressionsgrade darstellt, vergl. Abb. 21 und 22, weist in Uebereinstimmung mit bekannten Versuchen einen Kleinstwert auf, der für die vorliegenden Verhältnisse zwischen 10 und 25 vH Kompression liegt.

---

[1]) Vergl. Z. d. V. d. I. 1912 S. 1196
[2]) Vergl Josse, Versuche über Oberflächenkondensationen, Z. d. V. d. I. 1909 S. 326.

Bei den Versuchen niedrigen Dampfverbrauches (Heizung) nähert sich im vorliegenden Falle der günstigste Kompressionsgrad mehr der oberen Grenze, bei den Versuchen höheren Dampfverbrauches (keine Heizung, große Flächen) mehr der unteren. Der Kurvenverlauf ist indessen so flach, daß Abweichungen vom günstigsten Kompressionsgrad in ziemlich weiten Grenzen einen wirtschaftlich in Betracht kommenden Einfluß nicht ausüben.

Die im vorliegenden Falle schädliche Wirkung zu hohen Kompressionsgrades ergibt sich bei den Versuchen ohne Heizung größer als bei den Versuchen mit Heizung. Der Unterschied zwischen dem kleinsten und größten gemessenen Dampfverbrauch beträgt bei den letzteren höchstens rd. 2 vH, bei den Versuchen ohne Heizung rd. 5,4 vH des kleinsten Dampfverbrauches. Diese Zahlen geben indessen nicht die reine Wirkung der Kompression, sondern sind durch den Umstand beeinflußt, daß der Steuerungsverlust (Arbeitsverlust durch Drosselung und Strömungswiderstände in den Steuerungsorganen) mit wachsender Dampfmenge und wachsendem Kompressionsgrad größer wird. Dasselbe trifft zu für die Darstellung der Dampfverbrauchswerte in Abhängigkeit vom Kompressionsenddruck, Abb. 23, welche erkennen läßt, daß der günstigste Dampfverbrauch unter den Versuchsverhältnissen bei einem Kompressionsenddruck von rd. 1,5 at abs. liegt.

2) Ebenfalls in Uebereinstimmung mit bekannten Anschauungen ergibt sich, daß der günstigste Dampfverbrauch mit Annäherung bei demjenigen Kompressionsgrad liegt, bei welchem die Kompressionsendtemperatur der Wandtemperatur gleich ist. Trotzdem scheint der Wärmeaustausch zwischen Kompressionsdampf und Wand nicht ausschlaggebend für den Einfluß des Kompressionsgrades auf den Dampfverbrauch zu sein. Auch die Eintrittskondensation ist, zum mindesten innerhalb der für wirtschaftlichen Betrieb in Betracht kommenden Kompressionsgrade, so gut wie unabhängig von den letzteren. Der ausgehend vom Dampfverbrauch beim kleinsten Kompressionsgrad lediglich unter Berücksichtigung der Verhältnisse des Diagrammes (Arbeitsaufwand und Dampfersparnis durch die Kompression) berechnete Dampfverbrauch der höheren Kompressionsgrade befand sich innerhalb weiter Grenzen des Kompressionsgrades in guter Uebereinstimmung mit den gemessenen Werten, vergl. S. 38 und Zahlentafel 5 unten.

3) Eine auf Grund dieses Ergebnisses unter Annahme verschiedener Gütegrade[1]) des Prozesses durchgeführte rein rechnerische Ermittlung des Verlaufs der Kurven des Dampfverbrauches in Abhängigkeit vom Kompressionsgrad ergibt zunächst bei den Gütegraden der Versuchswerte einen Kurvenverlauf, der demjenigen der Versuchskurven durchaus ähnlich ist. Sodann folgt, daß der Kurvenverlauf durch den Gütegrad bedingt ist. Der günstigste Kompressionsgrad wird bei sinkendem Gütegrad kleiner, hoher Kompressionsgrad erscheint günstig bei hohem Gütegrad und wirkt um so ungünstiger, je geringer der letztere wird. Bei Maschinen der vorliegenden Art (Sattdampf) kann bei annähernd bekanntem Gütegrad ein für praktische Zwecke genügendes Urteil über die Abhängigkeit des Dampfverbrauchs vom Kompressionsgrad bei gleichbleibender Füllung, insbesondere über den günstigsten Kompressionsgrad, durch einfache Rechnung gewonnen werden.

---

[1]) Unter »Gütegrad« ist hier verstanden das Verhältnis des Dampfverbrauches des wirklichen Prozesses zum Dampfverbrauch des in Abb. 47 mit *abcde* bezeichneten Vergleichsprozesses (Vergleichsprozeß der »Normen«).

4) Die Wirkung der künstlichen Oberflächen, Abb. 8 bis 17, welche eine mittlere Wandtiefe von rd. 0,6 mm aufweisen, ergibt sich ihrer Größe proportional, sowohl hinsichtlich des Dampfverbrauches als hinsichtlich der Eintrittskondensation, vergl. Abb. 24 bis 28, 30 und 31. Wesentlich infolge der geringen Eindringungstiefe, welche sie der Wärmebewegung in der Wand darbieten, ist die Wirkung dieser Flächen geringer als die der ursprünglichen Flächen üblicher Wandstärke, bei denen die Möglichkeit ungehinderter Ausbildung der Wärmeschwingung gegeben ist. Die Wirkung der Oberfläche erscheint unterhalb einer gewissen Grenze der Wandtiefe abhängig von letzterer. Im vorliegenden Fall ergibt sich in runder Zahl das Verhältnis der Wirkung der zusätzlichen Flächen zur Wirkung der ursprünglichen in Hinsicht auf den Dampfverbrauch für 1 PS_i-st zu rd. $^1/_3$, in Hinsicht auf die Eintrittskondensation zu rd. $^1/_2$.

5) Der den Wärmeaustausch vermindernde Einfluß der Heizung tritt zurück bei solchen Flächen, die nicht unmittelbar der Wirkung der Heizung ausgesetzt sind (unabhängige Flächen) im Vergleich zu solchen Flächen, bei denen dies der Fall ist. Als Verhältniszahl der Wärmeaufnahmen der zur ersten Art gehörenden zusätzlichen Flächen während der Eintrittzeit bei Betrieb mit und ohne Heizung ergibt sich 0,84. Für die ursprünglichen Oberflächen, die zum Teil auch aus solchen der erstbezeichneten Art gebildet sind (Ventile), wird dasselbe Verhältnis 0,58.

6) Die kalorimetrische Untersuchung zeigt die bekannten charakteristischen Unterschiede der Wärmeaustauschverhältnisse bei Betrieb mit und ohne Heizung: Größere Eintrittskondensation, geringere Wärmezufuhr während der Expansionszeit beim Betrieb ohne Heizung im Vergleich zum Betrieb mit Heizung (vergl. Abb. 30 und 31). Die zusätzlichen Flächen verschieben die Verhältnisse etwas zugunsten des Betriebes ohne Heizung (vergl. das eben unter 5) Gesagte.

Als Restglied der kalorimetrischen Untersuchung ergibt sich die Wärmeabgabe des Zylinders und der anschließenden Teile durch Leitung und Strahlung im Mittel zu 19 300 WE/st beim Betrieb mit Heizung und zu 12 300 WE/st beim Betrieb ohne Heizung. Durch besonderen Versuch wurde der Strahlungsverlust bei geheiztem Mantel und außer Betrieb befindlicher Maschine zu 16 500 WE/st festgestellt. Der Unterschied zwischen letzterem Betrag und dem durch die kalorimetrische Untersuchung bei Betrieb mit Heizung gewonnenen ist jedenfalls zu einem großen Teil dem Umstand zuzuschreiben, daß durch die Ventilation der bewegten Teile der Wärmeübergang begünstigt wird. Der durch Leitung und Strahlung erzeugte Verlust beträgt rd. 5 vH der an der Maschine verfügbaren Energie bei Betrieb mit Heizung und von rd. 3 vH bei Betrieb ohne Heizung.

7) Die Größe des Restdampfgewichtes läßt sich bei Kenntnis der mittleren Wandtemperatur und unter Annahme des Temperaturausschlages an der Oberfläche unter Zuhilfenahme des von Mollier aufgestellten J. S.-Diagrammes mit Annäherung für alle jene Fälle bestimmen, bei denen die Kompressionsendtemperatur die Wandtemperatur erreicht oder überschreitet. Die Annahme trocken gesättigten Dampfes im Endzustand der Kompression ist, als mittleren Verhältnissen des vorliegenden Versuchsbereichs entsprechend, hier zugrunde gelegt worden, vergl. IVb S. 27.

8) Der Exponent der Kompressionskurve fällt mit dem Kompressionsgrad vom Mittelwert 1,37 bei rd. 12 vH Kompression auf den Mittelwert 1,25 bei rd. 50 vH Kompression. Ein ausgesprochener Einfluß der Heizung und der Größe der Oberflächen auf den Exponenten ist nicht erkennbar.

9) Der Exponent der Expansionskurve ergibt sich unabhängig vom Kompressionsgrad, dagegen abhängig von der Größe der Flächen. Sein Wert, der sich bei der ursprünglichen Fläche (0,4483 qm) bei Betrieb mit Heizung im Mittel zu 0,98, bei Betrieb ohne Heizung im Mittel zu 1,0 ergibt, fällt unter dem Einfluß von rd. 0,385 qm zusätzlicher Fläche, das ist rd. 86 vH der ursprünglichen, von 0,6 mm mittlerer Wandtiefe auf 0,88 bei Betrieb mit und ohne Heizung, das ist um 10 bezw. 12 vH seines ursprünglichen Wertes.

10) Hinsichtlich der Wärmeübergangszahl vom Dampf an die Zylinderwand darf mit der Genauigkeit des hier möglichen Ermittlungsverfahrens angenommen werden, daß sie Werte von rd. 40000 WE für 1 st und 1 qm Fläche für 1° C Temperaturunterschied erreicht.

Inhaltsverzeichnis.

		Seite
I.	Versuchseinrichtung	1
II.	Versuchsausführung	12
III.	Versuchsergebnisse	15
IV.	Bearbeitung und Erörterung der Versuchsergebnisse	19
	a) Kalorimetrische Untersuchung der Diagramme, Ermittlung des Wärmeverlustes durch Leitung und Strahlung	19
	b) Untersuchung der Kompressionsperiode. Exponent der Expansionslinie	24
	c) Einfluß der Kompression auf die Verluste der Sattdampfmaschine	29
	d) Einfluß der Kompression auf den Dampfverbrauch bei unveränderlicher Füllung und verschiedenen Gütegraden des Prozesses in rechnerischer Behandlung	32
	e) Einfluß der zusätzlichen Oberflächen auf den Dampfverbrauch und die Verluste der Sattdampfmaschine	35
	f) Trennung der Verluste	38
	g) Koeffizient des Wärmeüberganges vom Dampf an die Zylinderwand	42
V.	Zusammenfassung	44

Additional material from *Mitteilungen über Forschungsarbeiten auf dem Gebiete des Indenieurwesens,*
ISBN 978-3-662-42238-0, is available at http://extras.springer.com

Sonderabdrücke
aus der Zeitschrift des Vereines deutscher Ingenieure,
die in folgende Fachgebiete eingeordnet sind:

1. Bagger.
2. Bergbau (einschl. Förderung und Wasserhaltung).
3. Brücken- und Eisenbau (einschl. Behälter).
4. Dampfkessel (einschl. Feuerungen, Schornsteine, Vorwärmer, Überhitzer).
5. Dampfmaschinen (einschl. Abwärmekraftmaschinen, Lokomobilen).
6. Dampfturbinen.
7. Eisenbahnbetriebsmittel.
8. Eisenbahnen (einschl. Elektrische Bahnen).
9. Eisenhüttenwesen (einschl. Gießerei).
10. Elektrische Krafterzeugung und -verteilung.
11. Elektrotechnik (Theorie, Motoren usw.).
12. Fabrikanlagen und Werkstatteinrichtungen.
13. Faserstoffindustrie.
14. Gebläse (einschl. Kompressoren, Ventilatoren).
15. Gesundheitsingenieurwesen (Heizung, Lüftung, Beleuchtung, Wasserversorgung und Abwässerung).
16. Hebezeuge (einschl. Aufzüge).
17. Kondensations- und Kühlanlagen.
18. Kraftwagen und Kraftboote.
19. Lager- und Ladevorrichtungen (einschl. Bagger).
20. Luftschiffahrt.
21. Maschinenteile.
22. Materialkunde.
23. Mechanik.
24. Metall- und Holzbearbeitung (Werkzeugmaschinen).
25. Pumpen (einschl. Feuerspritzen und Strahlapparate).
26. Schiffs- und Seewesen.
27. Verbrennungskraftmaschinen (einschl. Generatoren).
28. Wasserkraftmaschinen.
29. Wasserbau (einschl. Eisbrecher).
30. Meßgeräte.

Einzelbestellungen auf diese Sonderabdrücke werden gegen Voreinsendung des in der Zeitschrift als Fußnote zur Überschrift des betr. Aufsatzes bekannt gegebenen Betrages ausgeführt.

Vorausbestellungen auf sämtliche Sonderabdrücke der vom Besteller ausgewählten Fachgebiete können in der Weise geschehen, daß ein Betrag von etwa 5 bis 10 M eingesandt wird, bis zu dessen Erschöpfung die in Frage kommenden Aufsätze regelmäßig geliefert werden.

Zeitschriftenschau.

Vierteljahrsausgabe der in der Zeitschrift des Vereines deutscher Ingenieure erschienenen Veröffentlichungen 1898 bis 1910.
Preis bei portofreier Lieferung für den Jahrgang
3,— ℳ für Mitglieder.   10,— ℳ für Nichtmitglieder.

Seit Anfang 1911 werden von der Zeitschriftenschau der einzelnen Hefte einseitig bedruckte gummierte Abzüge angefertigt.
Der Jahrgang kostet
2,— ℳ für Mitglieder.   4,— ℳ für Nichtmitglieder.

Portozuschlag für Lieferung nach dem Ausland 50 Pfg für den Jahrgang. Bestellungen, die nur gegen vorherige Einsendung des Betrages ausgeführt werden, sind an die Redaktion der Zeitschrift des Vereines deutscher Ingenieure, Berlin NW., Charlottenstraße 43 zu richten.

Mitgliederverzeichnis d. Vereines deutscher Ingenieure.

Preis 3,50 ℳ. Das Verzeichnis enthält die Adressen sämtlicher Mitglieder sowie ausführliche Angaben über die Arbeiten des Vereines.

Bezugsquellen.

Zusammengestellt aus dem Anzeigenteil der Zeitschrift des Vereines deutscher Ingenieure. Das Verzeichnis erscheint zweimal jährlich in einer Auflage von 35 bis 40000 Stück. Es enthält in deutsch, englisch, französisch, italienisch, spanisch und russisch ein alphabetisches und ein nach Fachgruppen geordnetes Adressenverzeichnis.

Das Bezugsquellenverzeichnis wird auf Wunsch kostenlos abgegeben.

MIX
Papier aus verantwortungsvollen Quellen
Paper from responsible sources
FSC® C105338

If you have any concerns about our products,
you can contact us on
ProductSafety@springernature.com

In case Publisher is established outside the EU,
the EU authorized representative is:
**Springer Nature Customer Service Center GmbH
Europaplatz 3, 69115 Heidelberg, Germany**

Printed by Libri Plureos GmbH
in Hamburg, Germany